电网涉鸟故障防治技术
及典型案例分析

国网宁夏电力有限公司电力科学研究院
国网宁夏电力有限公司
组编

内容提要

为总结架空输电线路涉鸟故障防治取得的成果，指导各架空输电线路运维单位合理、规范开展涉鸟故障防治工作，提升架空输电线路涉鸟故障防治及运维水平，在相关科技项目研究、标准、规程编制取得的成果基础上，国网宁夏电力有限公司电力科学研究院组织编写了《电网涉鸟故障防治技术及典型案例分析》一书。

本书分为 7 章，包括概述、鸟类分布及涉鸟故障鸟种图鉴、架空输电线路涉鸟故障特征、鸟粪闪络故障机理、防鸟装置及差异化防治策略、涉鸟故障防治全过程管理及典型案例分析。

本书可供电力行业从事架空输电线路科研、规划、设计、安装调试、运维检修工作的技术人员、管理人员参考使用，也可供防鸟装置生产企业及大专院校相关专业师生阅读参考。

图书在版编目（CIP）数据

电网涉鸟故障防治技术及典型案例分析 / 国网宁夏电力有限公司电力科学研究院，国网宁夏电力有限公司组编 .— 北京：中国电力出版社，2021.7

ISBN 978-7-5198-5561-1

Ⅰ . ①电…　Ⅱ . ①国…　Ⅲ . ①电网—鸟害—故障检测　②电网—鸟害—故障—案例
Ⅳ . ① TM7

中国版本图书馆 CIP 数据核字（2021）第 066807 号

出版发行：中国电力出版社
地　　址：北京市东城区北京站西街 19 号（邮政编码 100005）
网　　址：http：//www.cepp.sgcc.com.cn
责任编辑：陈　丽（010-63412348）
责任校对：黄　蓓　王小鹏
装帧设计：郝晓燕
责任印制：石　雷

印　　刷：河北鑫彩博图印刷有限公司
版　　次：2021 年 7 月第一版
印　　次：2021 年 7 月北京第一次印刷
开　　本：710 毫米 ×1000 毫米　16 开本
印　　张：15
字　　数：281 千字
印　　数：0001—1000 册
定　　价：78.00 元

编委会

主　　编　刘世涛　杨剑锋

副 主 编　刘志远　康文军　郝金鹏

参编人员　伍　弘　陈　泓　徐兆国　刁志文　房子祎

黄金柱　王　羽　白　东　王海默　李　帆

吴　强　杜迎春　黄瑞平　况燕军　王学啸

段　兵　杨　凯　吴　波　张仁和　王　剑

王　磊　潘伟峰　王晓伟　陈　炜　刘　浩

段春瑞　周文苏　马玉慧　金海峰

前 言

随着经济社会快速发展，电网规模也不断扩大。以宁夏为例，截至 2020 年，宁夏电网交流 110kV 及以上架空输电线路总长已超过 1.46 万 km，另有直流 ±660kV、±800kV、±1100kV 架空输电线路 486km，已初步形成了交直流混合的坚强网络体系。与此同时，由于生态环境的优化改善，绿地面积不断增加，架空输电线路附近鸟类活动日益频繁，由此导致的涉鸟故障跳闸次数居高不下，尤其是 2016 年首次出现了 750kV 交流架空输电线路涉鸟故障跳闸情况，对电网安全运行造成了严重影响。

宁夏由于其自然环境的特殊性，鸟类活动所造成的架空输电线路故障也有其特殊之处。鸟粪类故障是宁夏电网的主要涉鸟故障类型，且主要发生在宁夏中北部平原地区。为协调好电网安全运行和保护鸟类之间的关系，实现人与自然的和谐发展，国网宁夏电力有限公司组织编写了本书，旨在为管理人员和一线运行人员涉鸟故障防治方面提供有效的借鉴和指导，从而不断提升电网的综合运维水平。

本书从现场实际出发，介绍了涉鸟故障类型及当前研究的主要内容。简要分析了鸟类分布特点并给出了主要涉鸟故障中的鸟种特征图鉴。以涉鸟故障频发的宁夏电网为例，通过总结 2007 ～ 2019 年发生的 128 次涉鸟故障特征，为提出差异化防治策略奠定了基础。此外，本书以 330kV 和 110kV 架空输电线路为例，采用仿真和试验方法详细研究了鸟粪类涉鸟故障机理。其中研究得出的架空输电线路 I 型绝缘子串鸟粪闪络风险范围为一椭圆区域，进一步精确了鸟粪类故障的防护范围。

本书在相关科学研究和调研统计的基础上对当前主要应用的防鸟装置进行了详细介绍，并对其优缺点进行了分析比较。根据涉鸟故障的时空差异性特点，对所提出的差异化综合防治策略进行了具体阐述，其中防鸟害预警系统是宁夏电网进行差异化涉鸟故障防治的重要工具和特色。为切实提高涉鸟故障防治水平，本书从全过程管理角度出发提出了切实可行的建议，除对宁夏各运维单位开展涉鸟故障防治工作提供指导外，也希望对其他网省公司提供借鉴。最后，本书对收集到的多例典型涉鸟故障进行了详细分析，可为各运维单位预防其他类似故障提供参考。

本书编写过程中得到了武汉大学电气与自动化学院的支持与帮助，在此表示感谢。同时感谢宁夏湿地保护管理中心在本书收资过程中给予的帮助。

限于作者水平，加之编写时间仓促，书中难免有疏漏之处，敬请广大读者批评指正。

编　者

2020 年 10 月

目 录

① 概述

近年来，随着“绿水青山就是金山银山”理念的深入人心，我国绿地覆盖率不断提升，绿化状况持续改善。根据2020年中国国土绿化状况公报显示，当年全国共完成造林677万公顷，森林抚育837万公顷，种草改良草原283万公顷，防沙治沙209.6万公顷，新增国家重要湿地29处，全国湿地保护率达50%以上。良好的生态环境为鸟类提供了良好的生存、繁衍条件，种群数量持续上升。据鸟类分类学相关研究成果显示，我国鸟类合计有26目、109科、497属、1445种，约占世界鸟类物种总数的13.14%，其中包括76种中国鸟类特产种。

随着经济社会的快速发展，电网规模不断扩大，架空输电线路里程数快速增长，由于鸟类筑巢、飞行、排泄、鸟啄等活动造成的架空输电线路故障次数明显上升。据统计，2005～2014年国家电网有限公司110（66）kV及以上架空输电线路共发生涉鸟故障跳闸1867次，占故障跳闸总数的7.1%；2016～2020年国家电网有限公司500kV及以上架空输电线路共发生涉鸟故障跳闸205次，占故障跳闸总数的10.9%，并在2016年首次出现了750kV交流架空输电线路涉鸟故障跳闸情况。由此可见，涉鸟故障已成为影响架空输电线路安全运行的重要因素，且影响程度逐年扩大。

宁夏回族自治区（简称宁夏）地处黄土高原与内蒙古高原的过渡地带，受自然条件影响，土地绿化面积较低。但近10年来，随着持续推进大规模国土绿化，完善林草制度体系，预计到2021年底，宁夏森林覆盖率将达16.9%，草原综合植被盖度将达56.6%，湿地面积稳定在310亩，保护率稳定在55%。在林地、草原和湿地环境中，鸟类种群数量多，活动频繁。此外，宁夏是我国候鸟迁徙的重要通道，每年进入宁夏的迁徙候鸟逾300万只，其中30%将留在宁夏。特殊的地理位置和环境条件，使得宁夏成为我国涉鸟故障高发区。据统计，宁夏电网2015～2020年110kV及以上架空输电线路共计发生涉鸟故障跳闸72次，占故障跳闸总数的34.12%，在110kV及以上架空输电线路跳闸原因中居第二位。因此，相较于国家电网有限公司的总体水平，宁夏地区涉鸟故障问题更为突出，防治工作形势严峻。

频繁的涉鸟故障不仅给电网企业带来极大的经济损失，也严重影响电网的安全可靠运行，社会影响恶劣。尤其是宁夏电网作为我国实施“西电东送”战略中重要的直流外送通道，一旦相关线路发生涉鸟故障，极可能引发连锁反应，降低电能外送的安全性。因此，探明架空输电线路涉鸟故障的规律与机理、优化设计防鸟装置的结构与尺寸、提出架空输电线路涉鸟故障防治策略与实施方案，对保障电网的安全稳定运行具有重要意义。

1.1 涉鸟故障及其分类

1.1.1 定义

架空输电线路涉鸟故障是指因鸟类泄粪、筑巢、飞行、鸟啄等活动造成的架空输电线路故障。一般来说，架空输电线路的涉鸟故障通常由鸟类的某种活动直接造成，如鸟类在绝缘子附近的一次排泄、鸟巢材料中金属丝等导电物体的突然脱落（或未脱落但处于下垂状态）、飞行时翅展短接导线等直接造成放电或短路故障等。此外，有些鸟类活动会给架空输电线路运行埋下安全隐患，后期和其他不利因素共同作用下发生的故障也可归纳到涉鸟故障中，如大量鸟粪污染绝缘子表面，在雾、霜露、毛毛雨等高湿度天气下发生污闪；鸟类啄食复合绝缘子护套导致芯棒外露，造成芯棒机械强度及界面电气强度下降等。

1.1.2 特点

据各大电网的统计情况来看，涉鸟故障一般为瞬时性故障，重合闸成功率高，这类故障包括鸟类排便、筑巢材料脱落、部分鸟体短接导致的放电或短路。此外，少部分鸟类活动可能造成永久性故障，如鸟体挂接造成的相间短路、鸟啄食复合绝缘子造成复合绝缘子芯棒裸露等，需要人工排查恢复。

通常涉鸟故障发生的时间地点随机，难以预测，只能事后根据杆塔上的鸟巢，杆塔、绝缘子、均压环、导线及地面上所残留的鸟粪和放电痕迹来推测。杆塔附近的自然环境、鸟类活动也是判断涉鸟故障的重要参考。

在电网运维人员认识到鸟类会对架空输电线路运行产生威胁之前，很多涉鸟故障被归类到不明原因闪络之中。随着人们对鸟类习性及活动规律的了解，以及大量的现场考察与观测，证实了鸟类的诸多活动会造成架空输电线路故障。但时至今日，仍然有一些涉鸟故障难以找到具体的佐证，如鸟类飞行时误触导线导致瞬时性短路故障后，鸟类受惊飞离现场，或触电落地被其他动物捕食或被附近居民捡走等。类似情况会加大对故障类型判断的难度。

虽然涉鸟故障的发生有很大的随机性，但仍有一定的规律可循。通过开展涉鸟故障特征、机理、防治策略的研究，可大大提高运维人员对涉鸟故障的认知水平，进而有效提高涉鸟故障防治的针对性，保证电网安全可靠运行。

1.1.3 分类

按照鸟类活动造成架空输电线路故障跳闸的形式，可将涉鸟故障分为鸟粪类、鸟体短接类、鸟巢类及鸟啄类四类。已有的统计资料表明，各地涉鸟故障中鸟粪类占绝大多数。例如宁夏鸟粪类故障占总涉鸟故障比例超过95%。各类型涉鸟故障机理如下。

1.1.3.1 鸟粪类故障

鸟粪类故障是指鸟类在杆塔附近泄粪时，鸟粪形成导电通道引起的空气间隙击穿，或鸟粪附着于绝缘子上引起的沿面闪络。

（1）空气间隙击穿。鸟类排便时，鸟粪沿着绝缘子外侧下落，不污染或者少量污染绝缘子，直接造成导线侧（高电位）与横担侧（地电位）短接放电，造成线路跳闸。或是鸟粪未完全短接高低压两端，两端留有空气间隙，但由于气隙过短无法承受过大的电场强度而被击穿，造成线路跳闸。这种形式的鸟粪类故障发生时，鸟粪呈连续或基本连续状态，多由猛禽或水鸟等大型鸟类导致，这些鸟类一次排泄量大，鸟粪通道可达4m，极易引发空气间隙击穿放电。这类故障通常发生在500kV及以下电压等级的架空输电线路中，尤其是110kV输电线路，由于其绝缘距离较短，在鸟类排便时极易发生间隙击穿。

（2）绝缘子沿面闪络。鸟类排便时，鸟粪附着于绝缘子上，部分鸟粪由于黏稠度较低，在短时间内即可直接短接绝缘子的上下伞裙，进而大大缩短绝缘子的正常爬电距离，严重时造成导线侧（高电位）与横担侧（地电位）沿绝缘子表面闪络放电，造成线路跳闸。另外一种情况是，鸟粪附着于绝缘子表面暂未造成沿面闪络，但染污的绝缘子在空气湿度较大的情况（如雨、雾天气）下，鸟粪与绝缘子表面积累的其他污秽共同作用造成沿面闪络。即使是复合绝缘子，由于鸟粪成团出现，憎水性也不易迁移至鸟粪表面，上述情况下也可能造成鸟粪及其他污秽沿面闪络。这类故障通常由体型较大的鸟类或数量较多的鸟群同时作用，使大量鸟粪污染同一支绝缘子（串），在各个电压等级的架空输电线路中都有可能发生，尤其在高污秽地区。

上述两类情况通常会导致架空输电线路瞬时性接地故障，其中第一类情况发生的占比更高，主要表现为高电导率的鸟粪液在绝缘子附近滴落，直接短接部分或整个空气间隙，使导线对横担放电或复合绝缘子下均压环对上均压环、下均压环对杆塔放电引起线路跳闸。其放电过程一般包含以下四个阶段。

1）第一阶段。鸟类站在横担上或起飞前排便，细长且电导率较高的鸟类稀粪自由下落或滴落在横担上，再从横担滴落，在风力的作用下产生轻微偏斜，形成横担与高压端之间潜在的放电通道，如图 1–1 所示。

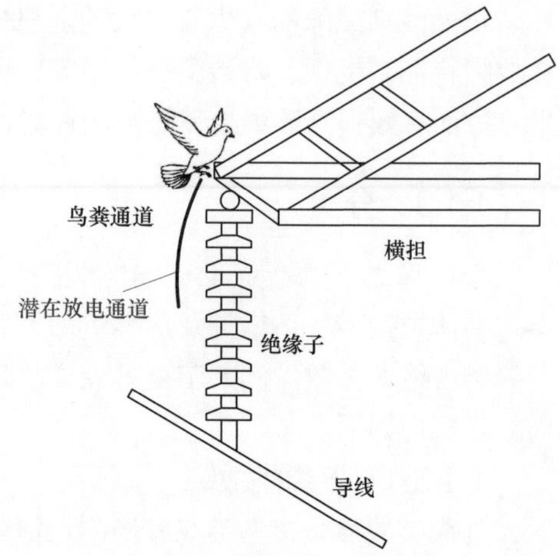

图 1–1　鸟粪滴落初期形成的潜在放电通道

2）第二阶段。鸟粪进一步滴落，根据鸟类排粪量和绝缘间距有两种情况：①当鸟类排粪量较大或绝缘距离较短时，鸟类尚未完成排便或排便时滴落在横担上且鸟粪通道上端尚未脱离横担，如图 1–2（a）所示；②在鸟类排粪量不足或绝缘距离较长时，鸟类排粪完毕后，击穿尚未发生，此时鸟粪在重力作用下不断拉长，上端脱离鸟体或横担，形成在绝缘间隙中的一段悬浮通道，如图 1–2（b）所示。不管何种情况，在空中当鸟粪下端接近导线时，会使绝缘子周围电场发生严重畸变。假设鸟粪通道为良导电体，此时绝缘子两端电压会转移到一段或两段气隙上。

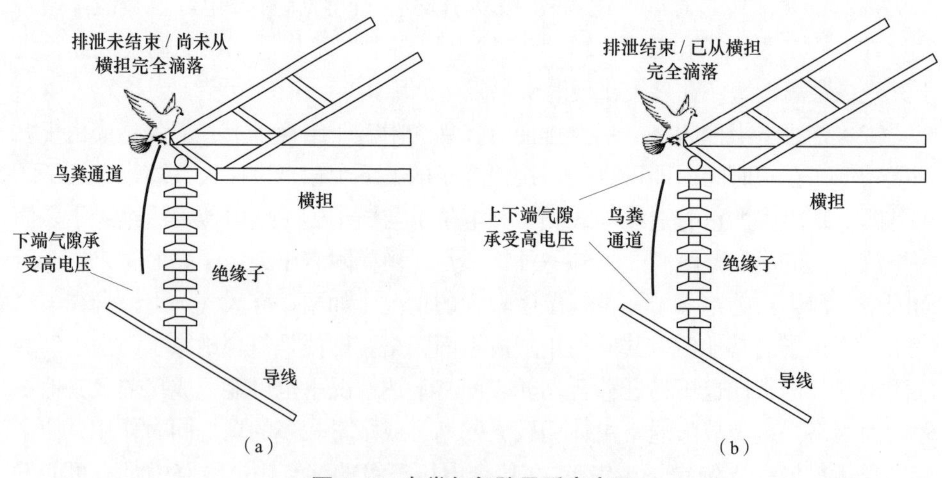

图 1–2　鸟粪与气隙承受高电压

（a）鸟粪未完全脱离；（b）鸟粪完全脱离

3）第三阶段。当鸟粪继续滴落，更接近导线端时，鸟粪下端与导线端的空气间隙逐渐减小，直至不能承受两端电压而发生空气间隙击穿，形成以“高压端—空气间隙—鸟粪—横担”或“高压端—空气间隙—鸟粪—空气间隙—横担”

为路径的放电通道，造成单相接地短路故障，如图 1–3 所示。

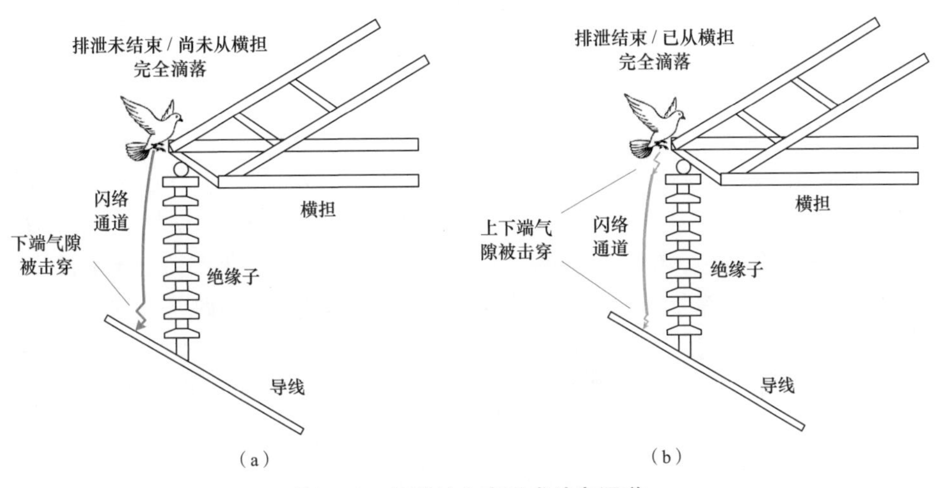

图 1–3　气隙被击穿形成放电通道

（a）鸟粪未完全脱离；（b）鸟粪完全脱离

4）第四阶段。保护动作，输电线路跳闸，与此同时鸟粪继续下落，持续拉开鸟粪通道上端与横担间的空气间隙距离。在短时间后，输电线路重合闸动作，此时因空气间隙距离已大于最小击穿距离，绝缘强度恢复，放电通道丧失，重合闸成功。最后，呈线状或不呈线状（高温电弧将连续的鸟粪通道打断）的鸟粪继续滴落至地面，输电线路恢复正常运行，如图 1–4 所示。

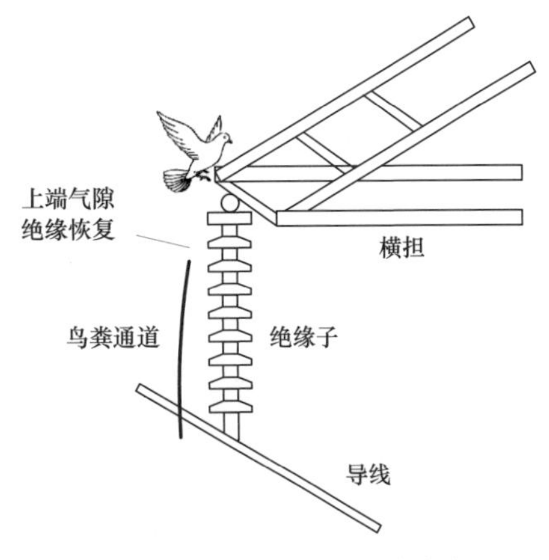

图 1–4　电弧熄灭，绝缘恢复

鸟粪闪络发生后，导线和复合绝缘子端部金具（瓷、玻璃绝缘子为钢帽）一般会有明显烧伤点，部分绝缘子或复合绝缘子部分伞裙会有烧伤痕迹。均压环对杆塔放电时，杆塔处会有明显烧伤点，接触不良的接地引下线在接地螺栓与杆塔接触点会有明显烧伤点。

1.1.3.2　鸟体短接类故障

鸟体短接类故障是指鸟类在活动时，身体造成架空输电线路相（极）间或相（极）对地间的有效绝缘距离减少，导致空气击穿引起的架空输电线路跳闸。如鸟类在飞行或嬉戏打斗时身体使架空输电线路相（极）间或相（极）对地间的空气间隙减小，甚至直接短接相（极）间或相（极）对地间空气间隙。这类故障通常由体型较大的鸟类或鸟群引起，多在 220kV 及以下电压等级的架空输电线路中出现。

1.1.3.3 鸟巢类故障

鸟巢类故障是指鸟类在杆塔上筑巢时，较长的鸟巢材料使架空输电线路相（极）间或相（极）对地间的有效绝缘距离减少或短接，导致空气击穿引起的架空输电线路跳闸。如喜鹊等巢居型鸟类会在每年的 1 ～ 4 月，在铁塔上筑新巢，筑巢材料一般有树枝、枯草、废棉线等，但由于生态环境变化，鸟类筑巢材料中铁丝等导电性材料逐渐增多，一旦掉落极易造成输电线路放电跳闸。这类故障主要由巢居型鸟类引起，一般发生在 110kV 及以下电压等级输电线路中。鸟巢类故障概率相对较低，因为：①鸟巢材料一般不会轻易脱落；②筑巢材料不会过长，即使脱落也较难以引起闪络。但是鸟巢的存在证明了该处鸟类活动频繁，可能会引发其他类型涉鸟故障，需要运维人员重点关注。

1.1.3.4 鸟啄类故障

鸟啄类故障是指鸟类啄损复合绝缘子伞裙或护套，造成复合绝缘子损坏或闪络。一些鸟类喜好叼啄复合绝缘子的硅橡胶伞裙或护套，较为严重时可导致绝缘子芯棒直接暴露于空气中，若未能及时发现并处理，可能造成掉串等恶性故障。此外，伞裙缺失减少了复合绝缘子的爬电距离，在重污秽地区更容易引起污秽闪络。这类故障通常发生在安装有复合绝缘子的架空输电线路中。不过随着复合绝缘子制造过程中一些特殊材料的掺杂，鸟类啄食伞裙或护套的情况已经很少发生。一般鸟啄类故障发生前复合绝缘子有明显的外观缺陷，运维人员发现后及时处置即能有效避免此类故障发生。

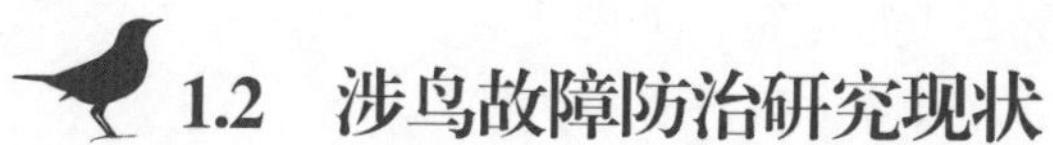

1.2 涉鸟故障防治研究现状

1.2.1 故障机理

已有统计资料表明，鸟类活动造成的架空输电线路故障在世界各地均有发生。一开始，人们总是难以找到这些故障发生的具体原因，随着统计规模的不断扩大，人们发现这些不明原因的闪络发生时间和地点呈现出一定规律性，通常会在鸟类数量多的区域且固定时间段内大规模发生。20 世纪 20 年代，美国加利福尼亚爱迪生电力公司首次提出架空输电线路一些不明原因闪络可能由鸟类活动导致。随着更多的故障观测及分析，1970 年，美国博纳维尔电力协会（Bonneville

Electric Power Association，BPA）首次在实验室中模拟出鸟粪闪络过程，此后，这一观点逐步被人们所接受，并开展了一系列研究。这些研究大多是针对空气间隙击穿型鸟粪闪络，下文所述鸟粪闪络如无特殊说明，也均指空气间隙击穿型鸟粪闪络。

架空输电线路涉鸟故障的试验研究主要针对鸟粪类故障。通过人工配比溶液来模拟真实鸟粪，搭建合适的试验平台对鸟粪在导线上方滴落过程进行模拟试验。研究内容包括鸟粪模拟液参数、绝缘子类型、电压等级、鸟粪滴落方式等对闪络概率的影响，最终通过试验结果总结规律，分析鸟粪闪络的机理。本书第4章以宁夏电网330kV架空输电线路鸟粪闪络为例，开展了系统研究，此处不再赘述。

通过试验方法研究涉鸟故障机理有明显的局限性：①试验只能表征宏观结果做定性分析，一些细节或类似于闪络过程中空间电场的变化情况则不能通过试验获取；②限于设备条件，无法还原真实架空输电线路运行情况，试验结果的准确性无法判断。这种情况下，利用计算机数值仿真对涉鸟故障机理进行研究既能弥补试验方法的不足，也可与试验结果互相佐证。通过有限元仿真软件搭建鸟粪闪络模型，并计算各工况下空间电场的变化情况，可进一步揭示鸟粪闪络故障机理并为验证相关防鸟装置的有效性提供理论支撑。

总体来说，架空输电线路的鸟粪闪络是因为高电导率的鸟粪通道出现在高压端附近，造成空间电场畸变，进而引发空气间隙击穿。不同条件下的鸟粪闪络规律可为防鸟装置设计及故障防治策略制定提供可靠的理论支撑。

1.2.2 防鸟装置

国内外电力部门一直致力于架空输电线路防鸟装置的研究，并经历了从被动防御向主动引导过渡的发展阶段。我国的防鸟装置研究也取得了很大进展，从最初依靠人工驱鸟，再到依靠防鸟刺、防鸟挡板、防鸟罩、声光驱鸟器等被动形式的防鸟、驱鸟装置，并逐步发展到采用人工鸟巢、栖鸟架等以引鸟、护鸟为目的的生态型防鸟装置。目前，架空输电线路涉鸟故障防治中所用到的防鸟装置种类繁多，各类基于不同原理的新型或改良型防鸟装置也是层出不穷，运维单位可根据输电线路不同的运行环境选择使用。根据设计思路不同，可将目前典型的防鸟装置分为防护类、驱逐类和引导类三类。

1.2.2.1 防护类

防护类防鸟装置不对鸟类进行主动驱离，而是通过设置障碍或增设绝缘保护等方式，保证鸟类远离可能引发鸟粪闪络、鸟体短接、巢材短路等故障的风险区域来达到防鸟效果。主要有防鸟刺、防鸟护套、防鸟拉线、防鸟盒、防鸟挡板、防鸟罩、防鸟针板、防鸟锥、新型钢管式横担等。此类装置是目前国内应用数量最多、范围最广、效果最好的防鸟装置。

1.2.2.2 驱逐类

驱逐类防鸟装置主要通过声、光等方式阻止鸟类靠近输电线路设施，从而达到防鸟效果。主要有防鸟风车、防鸟球、声 / 光驱鸟器等。

1.2.2.3 引导类

引导类防鸟装置是指在不适合隔离和强行驱逐的鸟类活动区域内，主动为鸟类提供栖息场所，同时避开输电线路设施。在国外常常在杆塔附近设立可供鸟类栖息活动的模拟杆，而在国内引导类防鸟装置相对较少，主要有可在杆塔适当位置安装的人工鸟巢，可固定于杆塔的人工栖鸟架等。

总的来说，上述各类防鸟装置各有利弊，具体应用中也存在以下三个问题。

（1）防鸟装置的有效性与可持续性问题。由于涉鸟故障具有适应性和继发性以及防鸟装置本身缺陷，使得部分装置的防护效果不持久，再加上长期工作于恶劣的户外环境之中，防鸟装置自身的老化也大大降低了使用寿命。

（2）防鸟装置的安全性问题。防鸟装置安装后可能会给输电线路安全运行带来一系列问题，如密集安装的防鸟刺、防鸟针板等装置会严重影响杆塔的常规检修工作，部分固定于复合绝缘子端部金具上的防鸟挡板会不断磨损绝缘子芯棒等。

（3）没有一套完整的防鸟装置配合使用体系。目前，不同类型防鸟装置在输电杆塔上的安装数量、安装位置以及配合使用策略仍是依靠运维人员的经验确定。因此，如何有效解决上述问题，是今后防鸟装置研究的重点方向。

1.2.3 防治策略

涉鸟故障是架空输电线路跳闸的主要原因之一，如何制定有效的涉鸟故障防治策略并实施，对保障电网运行安全具有重要意义。一套科学的防治策略必然包含对人员、装置、方法等多个方面要求，它的制定是一个不断发展，不断补充完善的过程。国外电力部门在涉鸟故障防治策略的研究方面起步较早，且在考虑电网运行安全性的同时兼顾鸟类安全。而我国早期在此类研究中首要考虑的仍只是电网运行安全，但相较之下，对运维人员的技术要求、防鸟装置的性能及功能要求低，涉鸟故障防治成本低。这与我国当时的国情密切相关。近些年来，随着保护生物多样性，促进人与自然和谐共处、协调发展的理念不断深化，如何保护鸟类安全，构建电网与鸟类和谐共生关系也成为架空输电线路涉鸟故障防治工作中需重点考虑的问题之一。至此，我国涉鸟故障的防治策略也逐步改变，走向了“防鸟不伤鸟，驱鸟留余地”的新阶段。

电力部门最初主要通过在涉鸟故障高发地段安装防鸟装置来降低鸟类活动对电网运行的影响，处于发生故障后再去加强保护的被动防御状态。随着大数据时代的到来，我们可以通过统计分析海量的鸟类分布及习性信息，绘制涉鸟故障风险分布图，搭建涉鸟故障预警系统，据此采取因地制宜、重点突出的差异化防治手段，从而逐渐由被动转主动，由依靠运行经验转变到依靠科学理论。

防鸟装置的正确、高效使用是涉鸟故障防治策略中的核心部分，一旦防鸟装置使用后达不到预期效果，防治策略也将成为一纸空谈。目前，从现场统计情况来看，确实存在防鸟装置使用后效果不佳甚至失效的问题。因此，亟需通过制定统一的防鸟装置技术规范，明确产品到货及安装验收要求，合理配置防鸟装置类型及数量，才能不断提升防鸟效果，保证防治策略起到实效。

1.3 存在问题及防治意义

涉鸟故障频发给电网的安全稳定运行带来极大影响，倘若等待故障发生后再去消缺补漏，不但无法弥补涉鸟故障带来的经济损失，隐患也无法彻底根除，甚至在后续运行过程中引发更严重的故障。因此，涉鸟故障重在预防，且要重点解决以下几方面问题。

（1）涉鸟故障发生后不能准确分析出故障原因。随着生态环境的不断改善，鸟类种类及数量不断增多，因缺乏鸟类分布、生态习性等基础资料，造成涉网鸟类活动规律及特性不明，在发生故障后不能有效分析故障原因并快速查找故障点，使得后续的故障预防、隐患排查也无针对性，最终导致涉鸟故障次数始终居高不下。

（2）防鸟装置未能起到有效的防护效果。因缺乏统一规范的生产标准，各个厂家的生产工艺、材质、尺寸不尽相同，产品质量参差不齐。这种情况下，运维单位一旦对产品到货验收管控不严，导致质量较差的产品入网，在运行中极易发生螺栓掉落、罩面破损、材料老化等一系列问题，不仅会导致装置防鸟效果降低或丧失，甚至可能引发输电线路异物跳闸等问题。此外，因部分运维单位缺乏统一的安装后验收规定，导致防鸟装置存在安装工艺不良、安装数量不足等问题，同样会大大降低其防鸟效果。

（3）未形成统一规范的涉鸟故障防治策略。因缺少统一规范的综合防治策略，造成在鸟类基础资料收集、涉鸟故障机理研究、防鸟装置质量管控、隐患排查及故障处置等方面始终存在各种各样的问题，甚至一些经过防鸟改造的输电线路依然涉鸟故障频发，严重制约了输电线路综合运维水平的发展。

从现有的运维经验来看，虽然涉鸟故障发生的时间多变、范围广阔，但其仍然呈现出了一定的规律性，包括时间、气候、环境、杆塔等特征。因此，统计分析架空输电线路涉鸟故障特征，研究涉鸟故障的机理与规律，可以帮助运维人员充分了解涉鸟故障内涵，实现防鸟高质量运维，完成涉鸟故障防治从被动到主动的转变，从而有效减少涉鸟故障跳闸次数。对类似如宁夏这样存在交直流超特高压输电线路、密集输电线路的地区，开展高质量的涉鸟故障防治，将极大提高供电可靠性，同时促进电网与鸟类和谐共生。

② 鸟类分布及涉鸟故障鸟种图鉴

因自然环境及气候条件不同，鸟类分布具有显著差异。已有的运行经验表明，不同鸟类造成的涉鸟故障特点不同，相应的故障防治措施也不尽相同。为使涉鸟故障防治更具有针对性，有必要对鸟类分布情况及其特点进行分析。此外，通过统计可能造成输电线路涉鸟故障鸟种类别，并提供其生理特征、习性、图鉴等信息，对输电线路运维人员识鸟和采取针对性防鸟措施具有重要意义。

2.1 鸟类分布及其特点

2.1.1 概况

中国幅员辽阔，复杂多样的自然景观和气候类型使我国成为世界上鸟类多样性最丰富的国家之一。

从地理和气候特征来看，中国由三个大的区域组成。西南一片是被称为“世界屋脊”的青藏高原，高原南面是喜马拉雅山脉，北面从西到东依次有昆仑山、阿尔金山、祁连山。海拔高、气候寒冷是这个区域的重要特点。该区域鸟类以耐寒种类为主，大多数是夏候鸟，夏天在高原繁殖，秋天飞到其他地方越冬。代表性鸟类有西藏毛腿沙鸡、雪鸡、高原山鹑、雪鹑、黑颈鹤、沙百灵、高山秃鹫及其他猛禽和雁、鸭等。

在青藏高原的北面是干旱的大西北，位于欧亚内陆荒漠草原的东端。这块区域占中国陆地面积的 30%，其典型自然景观是戈壁、沙漠、雪山、草原，在有水的地方常常形成生机盎然的绿洲或大片湿地。鸟类多是耐干旱种类，以吃植物种子为主，而在湖泊、湿地或其他沿河区域分布有涉禽和游禽。代表性鸟类有毛腿沙鸡、石鸡、各种百灵、鸻、鹬和野鸭。

中国其余地域均属东部季风区，受太平洋东南季风滋润，气候特点是夏天南北温差小，雨热同季，冬季南北温差大。这块区域的边远山区还保留有部分天然森林，并维系着一些特有鸟种。鸟类区系特点是南北耐湿鸟类互相渗透，如南方的黑枕黄鹂可以向北分布到黑龙江流域，而北方的普通鵟可以沿季风区向南延伸到两广和云南南部。另一特点是该区域鸟类分布与农田、草地、灌丛密切相关，且很多候鸟在北部繁殖，在南部越冬。

不同地区的鸟类分布因其自然环境和气候条件不同又自有特点。以宁夏为例，其地处西北，自然环境相对较差，鸟类主要分布在林地、湿地以及水域附近，且迁徙鸟类居多。一方面，这两种环境为鸟类提供了丰富的食物来源；另一方面，这两种环境受人类干扰小，隐蔽性强，为鸟类隐藏、栖息奠定了良好基础。以水域湿地环境为例，因有大量芦苇和菖蒲等水生植物，有小鱼小虾，是鸟类觅食的黄金地区；湿地中分布有怪柳、沙米等植物，可让迁徙鸟类白天在湿地中觅食，夜间在湿地旁植物丛中栖息。此外，随着生态环境的不断改善，宁夏林地及湿地资源的不断增多，鸟类种类及数量也呈逐年递增趋势。

根据相关统计数据显示，宁夏目前有野生鸟类 18 目、64 科、175 属、359 种，占全区野生动物总数的 68%。其中迁徙鸟类包括鹳、鹤、野鸭、白鹭、大雁等 200 余种，在区内越冬鸟类包括隼、鹰、喜鹊、乌鸦等 100 余种；国家一级重点保护鸟类有 9 种，二级保护鸟类有 47 种，濒危物种有 12 种，近危物种有 24 种，易危物种有 33 种。此外，从南方进入宁夏的迁徙候鸟数量年平均增长近 50 万只，其中七成左右经短暂休息后继续飞往北方，其余三成留在宁夏。

宁夏鸟类分布及群落结构除受特殊的气候和环境特征影响外，还受到华北区黄土高原亚区向蒙新区东部草原亚区和西部荒漠亚区过渡这一独特的地理区系影响。随着季节交替，宁夏鸟类种群数量变化明显，而人类活动所引起栖息环境的改变则直接影响到鸟类的分布状态。

2.1.2 特点

按照鸟类生存环境不同，可大致分为林地鸟类、湿地鸟类和其他地域鸟类三种，主要特点如下。

（1）林地鸟类。对于林地生存的鸟类而言，其分布特点主要与森林植被的丰富程度及人为侵扰因素等密切相关。在森林植被茂密且人迹罕至的地区，鸟类分布较多，一般占到该片森林地区鸟种总数的 50% 以上；在森林植被相对较少，有人活动的缓冲区，鸟类分布较少。同样的，川地森林由于林木的多样性较差、人类干扰度较高，鸟类分布较少，并且随着耕地面积的扩大，使得鸟类栖息地呈片段化，更加导致鸟类群落较为单一，多分布着个体数量较多、与人类伴居的鸟类，如麻雀、灰斑鸠、喜鹊等。

（2）湿地鸟类。湿地鸟类是湿地野生动物中最具代表性的类群，是湿地生态系统的重要组成部分，灵敏和深刻地反映着湿地环境的变迁，其分布与各地的气候、水文、植被等自然地理特点相适应。北方处于寒温带和温带，种类以夏候鸟和旅鸟占优势；南方处于亚热带和热带，种类以冬候鸟和留鸟占优势。很多水鸟都是在北方繁殖，到南方越冬。

（3）其他地域鸟类。干旱沙漠地区的鸟类比较贫乏，而且以地栖类为主。通常在 1km 范围内，才能见到 1 ～ 3 只，有时甚至几十千米不见鸟迹。但在绿洲或河湖地段，于夏季游涉禽较多。草原或具有较少植被的戈壁地区，因有较多鼠类生存，为隼、鹰等食肉类鸟种提供了丰富食物，因此该类地区往往有一定种群规模的隼、鹰类生存活动。

此外，以迁徙候鸟为主要鸟种的地区，其鸟类分布特点与迁徙通道位置密切相关。以宁夏为例，根据联合国环境规划署最新研究认为，目前全球共有 9 条主要的候鸟迁徙路线，其中西部迁徙路线（中亚—印度迁徙路线）和东部迁徙路线（东亚—澳大利亚迁徙路线）于宁夏重叠，是全球迁徙通道重要的组成部分。另外，根据国家林业局保护司公布的《全国候鸟迁徙路线保护总体规划》，在全国 3 条鸟类迁徙路线中，中部迁徙路线为内蒙古中西部、宁夏、甘肃、青海、西藏至四川、重庆、贵州、云南，宁夏处于中部迁徙路线上，在每年 4 月和 7 ～ 11 月，境内都将有大量的迁徙候鸟，并主要分布在沿迁徙路线上能为鸟类提供丰富食物的湖泊、连片湿地、农田、森林等区域。

2.2 主要涉鸟故障鸟种图鉴

2.2.1 不同故障鸟种

引起鸟巢类故障的鸟类主要为在杆塔上筑巢、繁育的鸟类，如鹳形目、隼形目、雀形目鸟类，主要鸟种有夜鹭、苍鹭、东方白鹳、黑鹳、红隼、喜鹊、灰喜鹊、大嘴乌鸦、秃鼻乌鸦、黑领椋鸟等。

引起鸟粪类故障的鸟类一般为体型较大或种群规模较大的鸟类，如鹳形目中的鹭科、鹳科，隼形目，雀形目的鸦科、伯劳科等鸟类，主要鸟种有夜鹭、白鹭、喜鹊、灰喜鹊、大嘴乌鸦、秃鼻乌鸦、黑领椋鸟等，易引起鸟粪污染绝缘子造成沿面闪络；如鹳类、雁鸭类、猛禽类等体型大、食肉（鱼）的鸟类，主要鸟种有黑鹳、东方白鹳、苍鹭、大白鹭、灰雁、金雕、兀鹫、鸬鹚等，其一次性排便量大，鸟粪较稀且黏性较大，易造成鸟粪短接空气间隙。

引起鸟体短接类故障的鸟类体型大，一般为翅展超过 1.5m 的大型鸟类，主要鸟种有东方白鹳、黑鹳、大白鹭、苍鹭、大鸨、黑颈鹤、斑头雁、大鵟、普通鵟等。

引起鸟啄类故障的鸟类主要有喜鹊、大嘴乌鸦，疑似鸟种有灰喜鹊、秃鼻乌鸦、珠颈斑鸠、黑卷尾、灰椋鸟等。

不同地区涉鸟故障类型不尽相同，造成故障的鸟种也有一定差异，但总的特点仍具有相似性。以宁夏为例，涉鸟故障的主要类型为鸟粪闪络和鸟体短接，其中鸟粪闪络故障次数达 90% 以上，而目前已知引起涉鸟故障的具体鸟种主要为喜鹊、红隼、雀鹰、鸢、黑鹳、苍鹭和白琵鹭等。其中喜鹊、红隼、雀鹰、鸢为留鸟，黑鹳和苍鹭为候鸟。按照居留类型来看，候鸟与留鸟几乎各占一半。

2.2.2 鸟种特征图鉴

2.2.2.1 喜鹊

喜鹊，雀形目，鸦科，鹊属，如图 2–1 所示。俗名：鸦雀、客鹊、麻野鹊。

（a）

（b）

图 2–1 喜鹊

（a）实拍图；（b）资料图

（1）形态。体形略小的鹊，长约 45cm。具黑色长尾，两翼及尾黑色并具蓝色辉光。虹膜暗褐色；嘴、跗蹠和趾黑色；脚黑色。叫声为响亮粗哑的“嘎嘎”声。

（2）生态。栖息活动于村落、公路、沟渠、河流周围的树上。适应性强，中国北方的农田或高楼大厦均可安家。常单个或成群活动，有时也三五只成群在一起觅食。结小群活动，多从地面取食。食性杂，几乎什么都吃。以松毛虫、蝼蛄、象甲、地老虎、蝇蛆为食，秋冬季也吃小麦、玉米和杂草种子。营巢于杨树等高大乔木，经年不变。每窝产卵 5 ～ 8 枚，最多达 11 个，大小约 35mm × 25mm。巢为胡乱堆搭的拱圆形树棍。

（3）分布。全世界有 13 个亚种，我国有 4 个亚种，宁夏有 1 个亚种。此鸟在中国分布广泛而常见，宁夏区内见于各市、县。留鸟。

（4）故障类型：鸟巢类、鸟粪类、鸟啄类故障。

2.2.2.2 红隼

红隼，隼形目，隼科，隼属，如图 2–2 所示。俗名：茶隼、红鹰、黄鹰、红鹞子。

（a）

（b）

图 2–2 红隼

（a）实拍图；（b）资料图

（1）形态。红隼是小型猛禽，体长约 33cm。翅狭长而尖，尾亦较长，外形和黄爪隼非常相似，雄鸟头部为蓝灰色，背部和翅膀上的覆羽为砖红色，并具三角形黑斑。腰部、尾上覆羽和尾羽为蓝灰色，尾羽上还具有宽阔的黑色次端斑和白色端斑。眼睛的下面有一条垂直向下的黑色口角髭纹，是它与黄爪隼的最明显的区别之一。下体的颏部、喉部为乳白色或棕白色，其余下体均为乳黄色或棕黄色，具黑褐色纵纹和斑点。嘴蓝灰色，先暗端；基部与蜡膜淡黄色；跗蹠和趾黄色；爪黑色。

（2）生态。红隼栖息于山地森林，森林苔原、低山丘陵、草原、旷野、森林平原、农田和村庄附近各类环境中，尤以森林、林间空地、疏林和有稀疏树木生长的旷野、河谷和农田地区较为常见，但在茂密的大森林中少见。主要以蝗虫、蚱蜢、吉丁虫、蠡斯、蟋蟀等昆虫为食，也吃鼠类、鸟类、蛙、蜥蜴、松鼠、蛇等小型脊椎动物。繁殖期为 5 ～ 7 月。通常为 2 ～ 3 枚。卵为白色或赭色。卵化期 28 ～ 30 天。雏鸟由亲鸟喂养 30 天左右离巢。

（3）分布。全国各地均有分布。在宁夏，见于贺兰山、罗山、六盘山以及中卫、固原、银川等地。留鸟。

（4）故障类型：鸟巢类、鸟粪类、鸟体短接类故障。

2.2.2.3 雀鹰

雀鹰，隼形目，鹰科，鹰属，如图 2–3 所示。俗名：鹞子。

（a）

（b）

图 2–3　雀鹰
（a）实拍图；（b）资料图

（1）形态。是鹰类中体形较小的，雌鸟的体形比雄鸟大，翅膀阔而圆，尾羽较长。雄鸟上体为暗灰色，雌鸟为灰褐色，头后杂有少许白色，下体白色或淡灰白色，喉部布有褐色细纹，是它的主要特点之一，但没有特别显著的中央条纹。雄鸟具有细密的红褐色横斑，雌鸟具有褐色横斑，飞翔时翅膀的后缘略为突出，翅膀下面的飞羽具数道黑褐色横带，通常快速鼓动两翅飞翔一阵后。接着又滑翔一会儿。虹膜为橙黄色；嘴为暗铅灰色，尖端黑色，基部黄绿色；蜡膜黄色；跗蹠和趾黄色；爪黑色。

（2）生态。雀鹰栖息于针叶林、混交林、阔叶林等山地森林和林缘地带。冬季主要栖息于地山丘陵、山脚平原、农田地边以及村庄附近，尤其喜欢在林缘、河谷、采伐地和农田附近的小块丛林地带活动。常单独生活，或飞翔于空中，或栖息于树上和电线杆上。主要以小鸟、昆虫和鼠类等为食，也捕鸠鸽类和鹑鸡类等体形稍大的鸟类和野兔、蛇等。营巢于森林中的树上。每窝产卵通常 3 ～ 4 枚，偶尔有多至 5 ～ 7 枚或少至 2 枚的。卵鸭蛋青色，呈椭圆形或近圆形。孵化期为 32 ～ 35 天。雏鸟为晚成性，经过大约 24 ～ 30 天才能具备飞翔的能力。亲鸟在雏鸟 10 日龄之前主要饲喂各种昆虫，以后逐渐增加鼠类、鸟类等食物。

（3）分布。雀鹰在全世界共有 6 个亚种，我国有 2 个亚种，宁夏有 1 个亚种。宁夏见于六盘山、贺兰山国家级自然保护区。留鸟。

（4）故障类型：鸟粪类故障。

2.2.2.4　鸢

鸢，隼形目，鹰科，鹰属，如图 2–4 所示。俗名：老鹰、老鸢、黑耳鹰、黑鸢、鹞鹰。

图 2–4　鸢

（1）形态。鸢是中型猛禽。上体为暗褐色，颏部、喉部和颊部污白色，下体为棕褐色，均具有黑褐色的羽干纹；尾羽较长，呈浅叉状，具宽度相等的黑色和褐色相间排列的横斑。它在飞翔时翼下左右各有一块大的白斑。虹膜暗褐色；嘴黑色，虹膜和下嘴的基部为黄绿色；脚和趾为黄色或黄绿色，爪为黑色。

（2）生态。鸢栖息于开阔的平原、草地、荒原和低山丘陵地带，也常在城郊、村庄附近。天气晴朗时，常见其在天空翱翔，发现猎物立即俯冲直下。也在田野、港湾、湖泊上空活动，主要以小鸟、鼠类、蛇、蛙、野兔、鱼、蜥蜴和昆虫等动物性食物为食，偶尔也吃家禽和腐尸，是大自然中的清道夫。繁殖期为 4 ～ 7 月，雄鸟和雌鸟常在空中追逐、嬉戏、交尾也在空中进行。营巢于高大的树上，每窝产 2 ～ 3 枚钝椭圆形污白色微微缀有血红色的卵，大小约为 63mm × 45mm，由亲鸟轮流孵卵，孵化期为 38 天，雏鸟为晚成性，由亲鸟共同抚育 42 天。

（3）分布。全世界有 4 个亚种，我国有 2 个亚种，宁夏有 1 个亚种。宁夏见于全区各地。留鸟。

（4）故障类型：鸟粪类、鸟体短接类故障。

2.2.2.5 黑鹳

黑鹳，鹳形目，鹳科，鹳属，国家一级保护动物，如图 2–5 所示。俗名：黑巨鹳、黑老鹳、乌鹳、锅鹳、黑鹭。

（a）

（b）

图 2–5 黑鹳

（a）实拍图；（b）资料图

（1）形态。体大的黑色鹳，体长约 100cm、腿长约 35cm、翅展长度约 150cm。下胸、腹部及尾下白色。黑色部位具绿色和紫色的光泽。飞行时翼下黑色，仅三级飞羽及次级飞羽内侧白色。眼周裸露皮肤红色。亚成鸟上体褐色，下体白色。虹膜褐近黑色；嘴红色，先端较淡；跗蹠和趾红色；脚、腿红色。

（2）生态。栖息于河流沿岸、湖泊、沼泽、山区溪流附近、林缘等处。主要以鲫鱼、雅罗鱼、泥鳅等小型鱼类为食，也吃蛙、蜥蜴、虾、蟋蟀、啮齿类、小型爬行类、雏鸟和昆虫等其他动物性食物。营巢于林间河谷乔木上，巢用树枝搭成，内铺干草等，每窝产卵多为 3 枚，呈乳白色，有少量浅橙黄色隐斑块，大小约为（65 ～ 67）mm ×（49 ～ 50）mm。性机警而胆小，听觉、视觉均很发达，不易接近。冬季有时结小群活动。繁殖期发出悦耳喉音。

（3）分布。中国除青藏高原外均有分布。在宁夏，见于青铜峡、永宁、银川郊区、贺兰、平罗、惠农等地，集中分布在黄河沿岸湿地。候鸟。

（4）故障类型：鸟巢类、鸟粪类、鸟体短接类故障。

2.2.2.6 苍鹭

苍鹭，鹳形目，鹭科，鹭属，如图 2–6 所示。俗名：灰鹭、灰鹳。

（a）

（b）

图 2–6 苍鹭

（a）实拍图；（b）资料图

（1）形态。上体灰色，头、颈白沾灰蓝；辫状羽冠黑色；虹膜金黄色；嘴红色；嘴黄色；眼先裸露部分黄绿色；跗蹠和趾绿褐色沾黄。

（2）生态。栖息于江河、溪流、湖泊、水塘、海岸等水域岸边及其浅水处，也见于沼泽、稻田、山地、森林和平原荒漠上的水边浅水处和沼泽地上。主要以小型鱼类、泥鳅、虾、喇蛄、蜻蜓幼虫、蜥蜴、蛙和昆虫等动物性食物为食。巢筑于高而密的苇塘或蒲草中。每巢卵 3 ～ 6 枚，边产卵边孵化，孵化期为 25 ～ 26 天，雏鸟 40 天出巢。性机警不宜接近。多集群活动，一只受惊起飞，其他随之而飞。

（3）分布。本属有 5 个亚种。我国有 2 个亚种，宁夏分布 1 个亚种。宁夏见于固原市六盘山山区、吴忠、银川、石嘴山各市县。候鸟。

（4）故障类型：鸟巢类、鸟粪类、鸟体短接类故障。

2.2.2.7 东方白鹳

东方白鹳，鹳形目，鹳科，鹳属，国家一级保护动物，如图 2–7 所示。俗名：白鹳、老鹳。

（a）

（b）

图 2–7 东方白鹳
（a）实拍图；（b）资料图

（1）形态。体长 105cm、腿长 45cm、翅展长度 210cm 的黑白色鹳；两翼和厚直的嘴黑色，腿红，眼周裸露皮肤粉红；飞行时黑色初级飞羽及次级飞羽与纯白色体羽成强烈对比亚成鸟污黄白色；虹膜稍白，嘴黑色，脚红色；叫声：嘴叩击有声。

（2）生态。主要栖息于开阔而偏僻的平原、草地和沼泽地带，特别是有稀疏树木生长的河流、湖泊、水塘，以及水渠岸边和沼泽地上，有时也栖息和活动在远离的居民区，具有岸边树木的水稻田地带。食物以鱼类为主，也吃蛙、鼠、蛇等其他动物性食物和植物种子、叶、草根、苔藓等植物性食物。于输电线路杆塔、树顶、柱子上及烟囱顶营巨型巢，产卵时间最早在 3 月末至 4 月初，多数在 4 月中旬，每窝产卵 4 ～ 6 枚。冬季结群活动。

（3）分布。全球性易危。繁殖于中国东北，越冬于东部沿海及长江流域。栖于开阔原野及森林。候鸟。

（4）故障类型：鸟巢类、鸟粪类、鸟体短接类故障。

2.2.2.8 大嘴乌鸦

大嘴乌鸦，雀形目，鸦科，鸦属，如图 2–8 所示。俗名：老鸦、老鸹、巨嘴鸦。

(a)

(b)

图 2-8　大嘴乌鸦
(a)实拍图;(b)资料图

(1)形态。成年体长可达 50cm 的黑色鸦；雌雄同形同色，通身漆黑，除头顶、后颈和颈侧之外的其他部分羽毛，带有一些显蓝色、紫色和绿色的金属光泽；嘴粗大，嘴峰弯曲，峰嵴明显，嘴基有长羽，伸至鼻孔处；额较陡突；尾长、呈楔状；后颈羽毛柔软松散如发状，羽干不明显；叫声单调粗犷，似“呱呱”声，也作低沉的“咯咯”声。

(2)生态。对生活环境不挑剔，无论山区平原均可见到，一般成对生活，喜栖于村庄周围，习惯于线塔上活动。主要以蝗虫、金龟甲、蝼蛄等昆虫为食，也吃雏鸟、鼠类、动物尸体以及植物叶、芽、种子等，食性杂。是青藏高原叨啄复合绝缘子的主要鸟种。

(3)分布。中国全境可见，留鸟。

(4)故障类型：鸟巢类、鸟粪类、鸟啄类故障。

2.2.2.9　高山兀鹫

高山兀鹫，隼形目，鹰科，兀鹫属，大型猛禽，国家二级保护动物，如图 2-9 所示。俗名：黄秃鹫。

(1)形态。体长约 120 ～ 150cm；羽毛颜色变化较大，头和颈裸露，稀疏的被有少数污黄色或白色像头发一样的绒羽，颈基部长的羽簇呈披针形，淡皮黄色或黄褐色；上体和翅上覆羽淡黄褐色，飞羽黑色。下体淡白色或淡皮黄褐色，飞翔时淡色的下体和黑色的翅形成鲜明对照；幼鸟暗褐色，具淡色羽轴纹。不善于鸣叫，叫声为“嘶嘶”或“哼哼”的喉音。

(a)

(b)

图 2-9　高山兀鹫

（a）实拍图；（b）资料图

（2）生态。栖息于海拔 2500 ～ 4500m 的高山、草原及河谷地区，多单个或结成十几只小群翱翔，有时停息在较高的山岩或山坡上。经常聚集在“天葬台”周围，等候啄食尸体。主要以尸体、病弱的大型动物、旱獭、啮齿类或家畜等为食。能飞越珠穆朗玛峰，是世界上飞得最高的鸟类之一。

（3）分布。青藏高原高海拔栖息环境下的常见食腐肉鸟类，宁夏六盘山国家级自然保护区也有分布，留鸟。

（4）故障类型：鸟粪类、鸟体短接类故障。

2.2.2.10　金雕

金雕，隼形目，鹰科，真雕属的猛禽，国家一级保护动物，如图 2-10 所示。俗名：金鹫、老雕、洁白雕、鹫雕。

(a)

(b)

图 2-10　金雕

（a）实拍图；（b）资料图

（1）形态。体长 76 ～ 102cm，翅展达 2.3m，头具金色羽冠，嘴巨大；雌雄同色；未成长时，头、颈黄棕色；两翼飞羽除了最外侧三枚外基部均缀有白色，其余身体部分暗褐色；羽尾灰白色，羽端部黑色；成年鸟翼和尾部均无白色，头顶羽色转为金褐。其腿爪上全部都有羽毛覆盖着。虹膜褐色，嘴灰色，脚黄色；通常无鸣叫声。

（2）生态。栖于崎岖干旱平原、岩崖山区及开阔原野，捕食雉类、鼠类及其他哺乳动物。喜高空翱翔，时常穿越线、塔。巢多筑在树上，悬崖边岩石上。

（3）分布。主要分布于我国东北、华北及中西部山区，安徽、江苏、浙江等地也有少量的分布。在宁夏也有观测到金雕活动。留鸟。

（4）故障类型：鸟粪类、鸟体短接类故障。

上述主要涉鸟故障鸟类区系、习性及故障类型如表 2–1 所示。

表 2–1　　　　主要涉鸟故障鸟类信息

科属		种名	居留类型	体型	食性	鸟粪特性	涉鸟故障类型
鹳形目	鹳科	黑鹳	夏候鸟	体长110cm，翅展长 145cm	主食小型鱼类，也吃啮齿类、小型爬行类、小鸟和昆虫等其他动物性食物。觅食地半径可达 7 ～ 8km	鸟粪近白色，呈黏稠状液态，一次排泄量较大，达 50mL	鸟粪类、鸟巢类、鸟体短接类
		白鹳	夏候鸟	体长115cm，翅展长 215cm	除主食小型鱼类等吃动物性食物外，偶尔也吃少量植物叶、苔藓和种子等植物。觅食地半径可达 10km	鸟粪近白色，呈黏稠状液态，一次排泄量较大，达 50ml	
		苍鹭	旅鸟 / 夏候鸟	体长100cm，翅展长 125cm	主要以小型鱼类、虾、蜥蜴、蛙和昆虫等动物性食物为食	鸟粪近白色，呈黏稠状液态，排泄量较大，长度达 400cm	
隼形目	鹰科	金雕	留鸟	体长100cm，翅展长 230cm	主食鼠兔、旱獭等兽类，鸟类等动物	鸟粪呈黏稠状液态	鸟粪类、鸟巢类、鸟体短接类
		鸢（黑）	留鸟	体长 65cm，翅展长150cm	主食鼠兔、旱獭等小型兽类，鸟类等动物。也食腐肉	鸟粪呈黏稠状液态	

续表

<table>
<tr><th colspan="2">科属</th><th>种名</th><th>居留类型</th><th>体型</th><th>食性</th><th>鸟粪特性</th><th>涉鸟故障类型</th></tr>
<tr><td rowspan="3">隼形目</td><td rowspan="2">鹰科</td><td>雀鹰</td><td>夏候鸟</td><td>体长 40cm，翅展长 90cm</td><td>主食鼠兔、鸟类等小型动物</td><td>鸟粪呈黏稠状液态</td><td>鸟粪类、鸟巢类</td></tr>
<tr><td>高山兀鹫</td><td>留鸟</td><td>体长 145cm，翅展长 290cm</td><td>主食尸体，病弱的大中型动物，鼠兔、旱獭等小兽类，家畜等动物</td><td>鸟粪近白色，呈黏稠状液态，一次排泄量较大，达 50ml</td><td>鸟粪类、鸟体短接类</td></tr>
<tr><td>隼科</td><td>红隼</td><td>留鸟</td><td>体长 35cm，翅展长 80cm</td><td>主食鼠兔等，也吃蛙、蜥蜴、小鸟和昆虫等动物</td><td>鸟粪呈黏稠状液态</td><td>鸟粪类、鸟巢类</td></tr>
<tr><td rowspan="2">雀形目</td><td rowspan="2">鸦科</td><td>喜鹊</td><td>留鸟</td><td>体长 45cm，翅展长 90cm</td><td>食性杂。以松毛虫、蝼蛄、象甲、地老虎、蝇蛆为食，秋冬季也吃小麦、玉米和杂草种子</td><td>鸟粪呈黏稠状液态</td><td>鸟巢类、鸟啄类</td></tr>
<tr><td>大嘴乌鸦</td><td>留鸟</td><td>体长 50cm，翅展长 90cm</td><td>杂食性。主食昆虫，也吃雏鸟、鸟卵，鼠类，动物尸体以及植物叶、芽、果实、种子等</td><td>鸟粪呈黏稠状液态，凌晨集体排泄，易导致闪络。</td><td>鸟粪类、鸟体短接类、鸟啄类</td></tr>
</table>

注 体长及翅展长为成年鸟均值。

③ 架空输电线路涉鸟故障特征

鸟类活动具有明显的地域性、季节性和时间性特点，架空输电线路涉鸟故障也具有类似特点，且与气象条件、所处环境等外部因素有紧密联系，并更倾向于某些类型的杆塔和绝缘子。通过统计分析，明确涉鸟故障的特征，对开展针对性的涉鸟故障防治具有重要意义。宁夏地处我国鸟类中部迁徙路线上，加之境内自然环境多样，是我国涉鸟故障高发地区，其故障特征具有显著代表性。本章以宁夏地区为例，对其 2007 ～ 2019 年发生的 128 次涉鸟故障跳闸情况进行统计，分析其在时间、气候、环境、杆塔等方面呈现的规律特征，从而为涉鸟故障差异化防治提供奠定基础。

3.1 总体情况

2007 ～ 2019 年，宁夏电网 110kV 及以上架空输电线路共计发生涉鸟故障跳闸 128 次，严重程度居国家电网有限公司前列。其中鸟粪类故障 127 次，鸟体短接类故障 1 次，未发现鸟巢类、鸟啄类故障。表明宁夏电网涉鸟故障中鸟粪类为主要故障类型，这与国家电网有限公司总的统计结果相近（鸟粪类故障跳闸次数占总涉鸟故障跳闸次数的 71.23%）。宁夏电网历年涉鸟故障跳闸次数如图 3–1 所示，涉鸟故障跳闸率如表 3–1 所示。

表 3–1　　宁夏电网 2007 ～ 2019 年架空输电线路涉鸟故障跳闸率

年份	110kV		220kV		330kV		750kV		合计	
	跳闸次数（次）	跳闸率（次·100km·a^{-1}）	跳闸次数（次）	跳闸率（次·100km·a^{-1}）	跳闸次数（次）	跳闸率（次·100km·a^{-1}）	跳闸次数（次）	跳闸率（次·100km·a^{-1}）	跳闸次数（次）	跳闸率（次·100km·a^{-1}）
2007	5	0.807	0	0	0	0	0	0	5	0.405
2008	0	0	1	0.441	0	0	0	0	1	0.081

续表

年份	110kV		220kV		330kV		750kV		合计	
	跳闸次数（次）	跳闸率（次·100km·a^{-1}）	跳闸次数（次）	跳闸率（次·100km·a^{-1}）	跳闸次数（次）	跳闸率（次·100km·a^{-1}）	跳闸次数（次）	跳闸率（次·100km·a^{-1}）	跳闸次数（次）	跳闸率（次·100km·a^{-1}）
2009	2	0.323	0	0	0	0	0	0	2	0.162
2010	2	0.317	0	0	3	1.157	0	0	5	0.345
2011	5	0.707	0	0	2	0.770	0	0	7	0.567
2012	7	1.010	4	1.764	1	0.385	0	0	12	0.973
2013	6	0.968	4	1.523	2	0.650	0	0	12	0.853
2014	14	2.020	4	1.315	4	1.554	0	0	22	1.783
2015	6	0.867	9	2.778	4	1.490	0	0	19	1.440
2016	1	0.154	11	3.689	5	1.625	1	0.782	18	1.329
2017	2	0.287	1	0.435	0	0	0	0	3	0.241
2018	4	0.485	8	2.332	0	0	0	0	12	0.672
2019	5	0.613	5	1.265	0	0	0	0	10	0.541

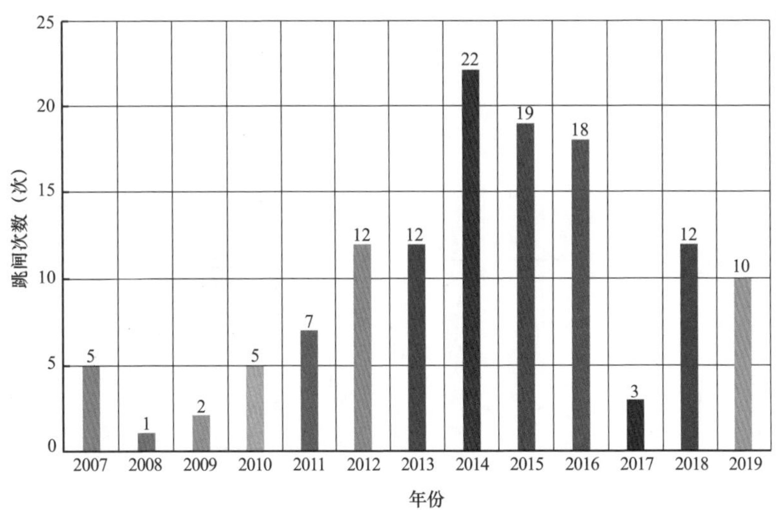

图 3–1　宁夏电网 2007 ～ 2019 年涉鸟故障跳闸次数分布图

由图 3–1 和表 3–1 可知，宁夏电网架空输电线路涉鸟故障主要发生在交流线路，直流线路暂未发现涉鸟故障跳闸事件。2007 ～ 2011 年宁夏电网 110kV 及以上架空输电线路涉鸟故障跳闸次数较低，年均仅4次；而自2012年起，架空输电线路涉鸟故障跳闸次数显著增多，至2016年止，5年间年均跳闸次数升至16.6次。2017宁夏电网年开展架空输电线路涉鸟故障专项隐患排查治理工作，涉鸟故障跳闸次数明显降低，当年仅为3次。2018～2019年，随着鸟类活动及环境的变化，涉鸟故障跳闸次数又明显增加。

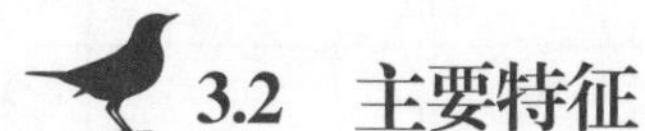

3.2 主要特征

3.2.1 时间特征

3.2.1.1 故障月份特征

宁夏地区是候鸟的重要迁徙通道之一，黑鹳、苍鹭和白琵鹭在4月份沿着迁徙通道逆向迁入宁夏，黑鹳于10月份迁离，苍鹭和白琵鹭于11月份迁离。有关资料显示，每年进入宁夏的迁徙候鸟在300万只以上，其中七成经短暂休息后继续飞往北方，其余三成留在宁夏境内。

宁夏电网涉鸟故障跳闸发生的时间具有明显的季节性特点。2007～2019年，宁夏电网涉鸟故障跳闸发生的月份主要集中在8～11月，同时4月、5月发生涉鸟故障跳闸次数的占比较高，近16.41%。各月涉鸟故障跳闸次数分布如图3-2所示。

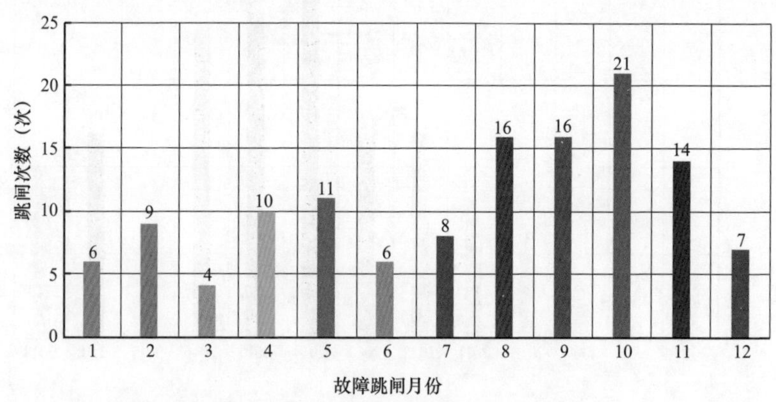

图3-2 宁夏电网涉鸟故障跳闸月份分布情况

3.2.1.2 故障时刻特征

对2007～2019年线路涉鸟故障跳闸发生在一天内（24h）的时段进行统计，

发现 110kV 及以上线路涉鸟故障跳闸的时间集中在 22：00 至次日 8：00，如图 3-3 所示。

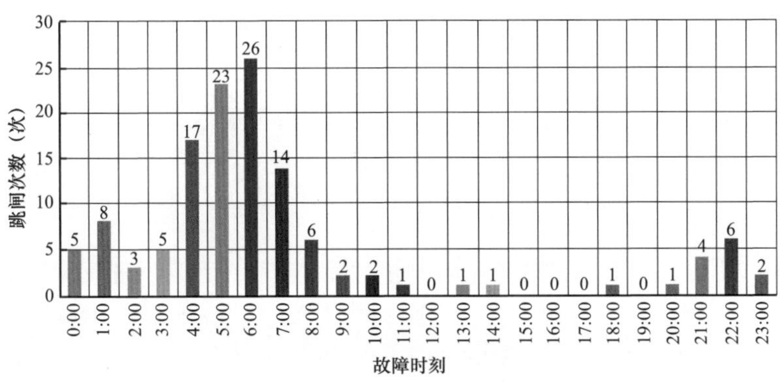

图 3-3　宁夏电网涉鸟故障跳闸时刻分布情况

22：00 至次日 8：00 为故障集中时段，这与鸟类的生理习性和周期密切相关，也与该时段的线路巡视和人工驱鸟频次较低有关。鸟类夜间栖息在杆塔上，排便时粪便容易短接空气间隙，导致线路跳闸，故 22：00 至次日 4：00 时间段故障跳闸次数较多；而 5：00 ～ 8：00 则是鸟类清晨活动阶段，该时段鸟类会在起飞觅食前为减轻体重而排除粪便，故该时段也容易出现涉鸟故障跳闸。

3.2.2　气候特征

2007 ～ 2019 年发生的 128 次涉鸟故障跳闸中，故障时杆塔周边风力等级或范围如表 3-2 所示。可以看出，涉鸟故障多发于微风或无风时，这是由于当风力较小时，下落的鸟粪更易形成长条状而短接电气间隙，引起跳闸故障。

表 3-2　　涉鸟故障时段风力统计

序号	风力等级或范围（级）	跳闸次数（次）	占比
1	0	16	12.50%
2	1	47	36.72%
3	2	22	17.19%
4	3	17	13.28%
5	4	2	1.56%
6	5	1	0.78%
7	1 ～ 2	2	1.56%
8	2 ～ 3	10	7.81%

续表

序号	风力等级或范围 /（级）	跳闸次数 /（次）	占比
9	2 ～ 4	4	3.13%
10	2 ～ 5	1	0.78%
11	3 ～ 4	4	3.13%
12	4 ～ 5	2	1.56%

此外，针对鸟害跳闸故障发生时的相对湿度进行统计，发现故障时相对湿度 50%RH 以下的线路为 64 条，占比 50%；相对湿度 50% ～ 75%RH 的线路为 30 条，占比 23.44%；相对湿度 75%RH 以上的线路为 34 条，占比 26.56%。表明涉鸟故障发生时环境的相对湿度普遍较高。

3.2.3 环境特征

对宁夏电网 2007 ～ 2019 年十年间发生的 110kV 及以上架空输电线路 128 次涉鸟故障跳闸地理环境进行统计，得到涉鸟故障的地理分布特征如下：故障发生在平原地区 69 次，占比 53.91%；发生在农田地区 48 次，占比 37.50%；发生在湖泊、鱼塘等水源区域 37 次，占比 28.91%；发生在银川及石嘴山地区（宁夏北部、属引黄河灌溉区域）80 次，占比 62.50%。具体涉鸟故障跳闸发生的地形地貌分布情况、近水源地区分布情况、行政区域分布情况如图 3-4 所示。

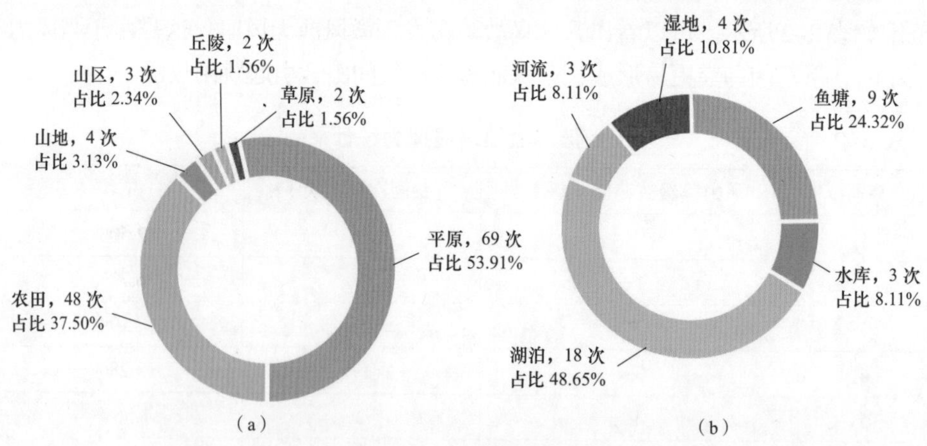

图 3-4 涉鸟故障跳闸地理特征分布图（一）
（a）地形地貌分布情况；（b）近水源地区分布情况

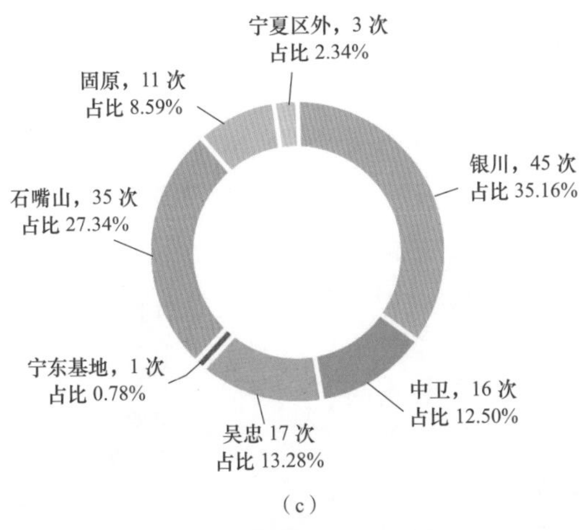

（c）

图 3-4　涉鸟故障跳闸地理特征分布图（二）

（c）行政区域分布情况

注：宁夏电网存在跨省级区域的线路设备资产。

由于平原地区缺少树木、山崖等可为鸟类提供高处筑巢的支撑物，位于该地区的电力杆塔便成为鸟类筑巢的理想对象。因此，相较于其他地区，平原、农田地区的架空输电线路周围鸟类活动更加频繁，涉鸟故障次数更多。湖泊、鱼塘等水源地区为鸟类生存繁衍提供必需的水和食物，是鸟类活动的活跃区，相应的也是涉鸟故障高发区域。银川及石嘴山地区为宁夏北部引黄河灌溉区，全区 14 个国家级湿地公园中有 8 个在上述两市区域，地形也以平原为主，且位于宁夏候鸟迁徙的主通道内，在以上因素共同作用下，宁夏北部地区成为涉鸟故障高发区域。图 3-5 所示为石嘴山市沙湖自然保护内鸟类活动情况。

图 3-5　石嘴山市沙湖自然保护区内鸟类活动

3.2.4 杆塔特征

3.2.4.1 电压等级

对宁夏电网 2007 ～ 2019 年发生的 110kV 及以上架空输电线路 128 次涉鸟故障跳闸电压等级进行统计，得到电压等级分布特征如下：110kV 架空输电线路涉鸟故障跳闸 59 次，占比 46.09%；220kV 架空输电线路涉鸟故障跳闸 47 次，占比 36.72%；330kV 架空输电线路涉鸟故障跳闸 21 次，占比 16.41%；750kV 架空输电线路涉鸟故障跳闸 1 次，占比 0.78%。直流线路未发生涉鸟故障跳闸事件。涉鸟故障跳闸电压等级分布情况如图 3–6 所示。

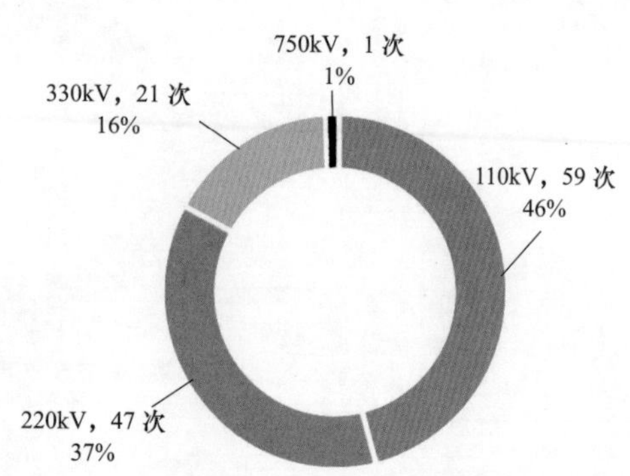

图 3–6 涉鸟故障跳闸的架空输电线路电压等级分布图

宁夏电网涉鸟故障的主要类型为鸟粪类，主要发生在 110kV 及 220kV 架空输电线路上，而 330kV 及 750kV 相对较少。这主要与涉鸟故障高发区域的电网架构有密切关系。在银川及石嘴山地区，电网架构以 110kV 及 220kV 为主，330kV 线路则主要分布在宁夏中、南部地区。此外，不同电压等级架空输电线路的绝缘配置不同，电压等级越低，绝缘子串长越短，杆塔横担（绝缘子低压端等）与导线的空气间隙越小，在相同的环境条件作用下，越容易引发鸟粪短接空气间隙故障。

3.2.4.2 塔型及相序

对宁夏电网 2007 ～ 2019 年发生的 110kV 及以上架空输电线路 128 次涉鸟故障跳闸的杆塔类型及相序进行统计，得到故障塔型及相序特征如下：直线塔发生涉鸟故障跳闸 93 次，占比 72.66%；耐张塔发生涉鸟故障跳闸 35 次，占比 27.34%。其中直线塔单回水平排列的边相发生涉鸟故障跳闸 25 次，占比 19.53%，是所有塔型和相序排列中跳闸次数最多的类型。各类涉鸟故障塔型及相序信息详见表 3–3。

表 3–3 宁夏电网 2007 ～ 2019 年架空输电线路涉鸟故障塔型及相序信息

序号	塔型及相别	跳闸次数（次）	占比
1	直线塔单回水平排列中相	13	10.16%
2	直线塔单回水平排列边相	25	19.53%

续表

序号	塔型及相别	跳闸次数（次）	占比
3	直线塔单回三角排列中相	11	8.59%
4	直线塔单回三角排列边相	9	7.03%
5	直线塔双回垂直排列上相	11	8.59%
6	直线塔双回垂直排列中相	11	8.59%
7	直线塔双回垂直排列下相	13	10.16%
8	耐张塔单回水平排列中相	3	2.34%
9	耐张塔单回水平排列边相	5	3.91%
10	耐张塔单回三角排列中相	11	8.59%
11	耐张塔单回三角排列边相	11	8.59%
12	耐张塔双回垂直排列上相	1	0.78%
13	耐张塔双回垂直排列中相	1	0.78%
14	耐张塔双回垂直排列下相	3	2.34%

架空输电线路参数及杆塔结构不同，涉鸟故障影响程度也不相同，主要表现在以下两个方面：

（1）涉鸟故障在直线杆塔发生的概率大约为耐张杆塔的2倍，除因直线杆塔数量较多外，还由于耐张塔转角特点，使得跳线串绝缘子挂点与横担有一定夹角，一定程度上增加了绝缘间隙的距离，从而不易发生鸟粪闪络。

（2）单回路水平排列塔型跳闸次数多于单回路三角排列和双回路垂直排列塔型，边相跳闸次数多于中相。主要原因是水平排列塔型及铁塔边相结构较为简单，横担面积较大，有足够空间供鸟类栖息。

3.2.4.3 绝缘子串型及材料

对宁夏电网2007～2019年发生的110kV及以上架空输电线路128次涉鸟故障跳闸所涉及绝缘子串型及材料进行统计，得到故障线路绝缘子串型特征如下：发生于I型串上96次，占比75.00%；双I型串29次，占比22.66%；V型串2次，占比1.56%；双V型串1次，占比0.78%，如图3–7所示。故障线路绝缘子材料特征如下：发生于复合绝缘子上112次，占比87.50%；瓷绝缘子14次，占比10.94%；玻璃绝缘子2次，占比1.56%，如图3–8所示。

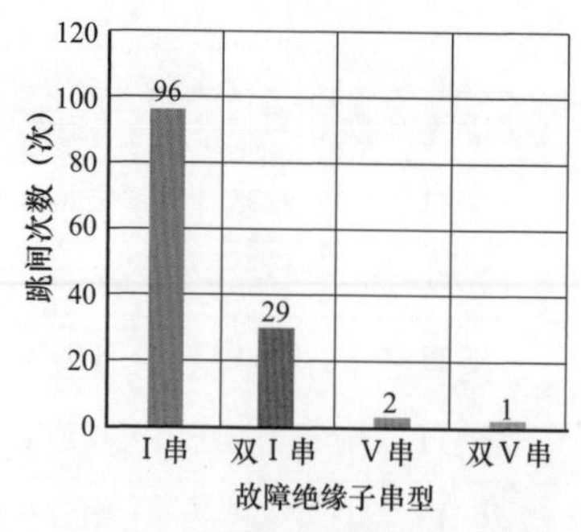

图 3-7　故障绝缘子串型特性

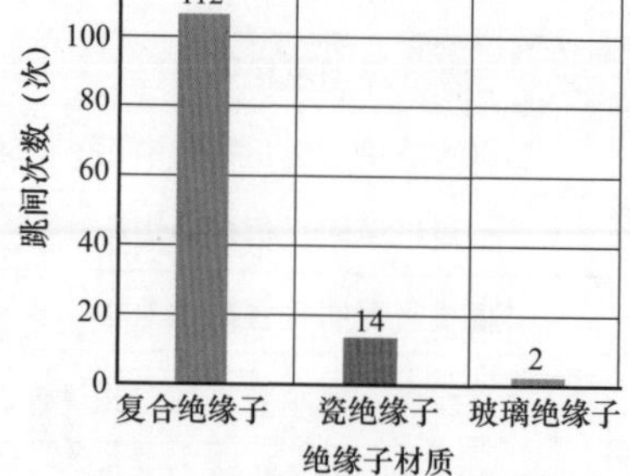

图 3-8　故障绝缘子材料特征

对于 110kV 及以上电压等级的架空输电线路，除在“三跨”区段必须要安装双串绝缘子外，其他地区均以单串为主。此外，直线塔绝缘子串型也主要为 I 型和双 I 型。因此，单串绝缘子，尤其是 I 型串是宁夏电网发生涉鸟故障的主要绝缘子串型。这与统计得到的直线塔发生涉鸟故障跳闸次数占比较高相一致。V 型及双 V 型绝缘子串因结构特点不易积累鸟粪，且高、低压端不在同一个断面，因此不易发生鸟粪类故障。

复合绝缘子因其质量轻、机械强度高、耐污闪性能优异以及维护简单等优点，被广泛应用于架空输电线路中。目前，宁夏地区架空输电线路绝缘子复合化率已达 90% 以上。相对的，瓷或玻璃绝缘子因机械性能良好，多用于架空输电线路耐张杆塔，用以承受导线张力，其数量要远小于复合绝缘子。此外，同电压等级下，悬垂串复合绝缘子比瓷或玻璃绝缘子串短，易发生间隙击穿放电。因此复合绝缘子是宁夏电网涉鸟故障跳闸的主要绝缘子类型，瓷绝缘子次之。

通过对宁夏电网 2007 ～ 2019 年发生的 128 次涉鸟故障跳闸进行统计，分析发生涉鸟故障的时间、气候、环境及杆塔等，总结涉鸟故障的一般特征如下：

（1）从时间来看，8 ～ 11 月是涉鸟故障的多发月份，其次为 4 ～ 5 月。对故障时刻进行统计，发现涉鸟故障发生的时刻集中在当日 22：00 到次日 8：00 之间，这与鸟类夜间栖息和清晨活动的生活习性密切相关，也与该时段输电线路巡视和人工驱鸟频次较低有关。

（2）涉鸟故障多发于微风或无风，且空气相对湿度大于 50%RH 的环境条件下。晴天、微风情况下鸟类喜在杆塔上停留，当环境湿度较大时，鸟粪更容易与其他污秽一起在绝缘子表面形成连续的导电通路。当风力过大时，鸟类较少在杆塔上停留，且鸟粪下落不易形成长条状从而短接空气间隙。

（3）从线路所处环境来看，涉鸟故障主要发生在平原地区，而山地、丘陵、草原等地区发生较少。这是因为平原地区地形平坦，缺少供鸟类栖息的高大乔木或山陵，鸟类趋向于在杆塔上停留歇息。从水源分布情况来看，涉鸟故障主要发生在湖泊、鱼塘、湿地等方便鸟类觅食饮水的近水源区域。

（4）在无特殊地理及气象环境作用情况下，涉鸟故障主要发生在交流架空输电线路上，直流线路因线路与杆塔设计间隙较大，一般不易发生涉鸟故障。目前±660kV 及以上直流输电线路均未发生过涉鸟故障。交流架空输电线路中，110、220kV 输电线路发生涉鸟故障跳闸次数最多，这与较低电压等级线路其与杆塔安全间隙较小有关。2016 年宁夏电网发生首次 750kV 输电线路涉鸟故障跳闸。

（5）涉鸟故障主要发生在直线塔上，而直线塔中发生涉鸟故障跳闸次数最多的是单回水平排列的边相导线。这是由于直线塔在电网中应用较多，占比较高；一方面则是由于耐张塔的转角结构，一定程度上增加了绝缘空气间隙距离，降低了涉鸟故障跳闸概率。I 型绝缘子串是发生涉鸟故障的主要绝缘子串型，这是因为 I 型绝缘子串应用基数大，另一方面是 I 型绝缘子串更易积累鸟粪，且其高、低压端在同一断面，故发生涉鸟故障跳闸的概率较高。

（6）相同电压等级下，复合绝缘子比瓷或玻璃绝缘子串结构更短，在相同外部条件作用下更易发生鸟粪通道短接绝缘间隙放电。

④ 鸟粪闪络故障机理

明确涉鸟故障机理，获得关键影响因素，对开展差异化涉鸟故障防治、设计及优化配置各类防鸟装置具有重要意义。通过对国家电网有限公司历年发生的涉鸟故障进行统计分析，发现绝大部分都是由鸟粪闪络引起的。因此，本章重点对鸟粪闪络的故障机理进行介绍，主要内容包括：采用有限元仿真软件研究鸟粪滴落直至闪络过程中空间电场的变化情况；搭建试验平台模拟实际运行条件下的鸟粪闪络特性；仿真及试验研究不同鸟粪滴落通道对闪络概率的影响，进而确定闪络风险范围。

4.1 研究对象

根据以往的运行经验，涉鸟故障，尤其是鸟粪类故障多发生于110kV和220kV架空输电线路。但根据宁夏电网历史涉鸟故障情况来看，2007年以来，330kV架空输电线路也多次发生过涉鸟故障跳闸。通过对这些故障进行统计分析，总结出以下特点及规律。

（1）2007年以来，宁夏电网330kV架空输电线路共发生21次涉鸟故障跳闸，占涉鸟故障跳闸总数的16.41%，且均为鸟粪类故障。

（2）故障发生在I型绝缘子串上20次，占比95.2%，V型串上1次，占比4.8%。

（3）故障发生时间多集中于8～11月，其次为4月和5月，发生时刻在22：00到次日8：00，期间昼夜温差较大，相对湿度在50%RH以上，且故障杆塔所在区域多有雾或凝露发生。

（4）故障多发生于d级及以上污秽区，地点多处于河流、农田等鸟类活动频繁区域。

（5）故障后重合闸成功率较高，达96.7%。

（6）对故障相的复合绝缘子憎水性进行测试，发现其中间伞裙的憎水性较好，而高压端与接地端伞裙憎水性较差，多为HC6级；故障相绝缘子平均盐密为 0.12mg/cm^2，灰密较低，平均为 0.62mg/cm^2。

综上所述，330kV 架空输电线路虽然电压等级更高，绝缘间隙更长，但其鸟粪类故障特点及规律与 110kV、220kV 高度相似。因此，以应用 I 型复合绝缘子的 330kV 架空输电线路鸟粪闪络为研究对象，系统地研究各因素对鸟粪闪络特性和闪络概率的影响，从而揭示鸟粪闪络故障机理，为相关防鸟装置的设计及优化配置提供理论基础，同时也为进一步研究涉鸟故障奠定基础。值得说明的是，虽然输电线路的电压等级不同，但研究方法是通用的，可得到相似的结论和规律。同样的，对于瓷或玻璃绝缘子（串），也有与复合绝缘子类似的结论。

110kV 架空输电线路因其电压等级相对较低，绝缘间隙短，是发生涉鸟故障的重灾区。因此，本章最后再以应用了复合绝缘子的 110kV 架空输电线路为例，通过仿真及试验方法对鸟粪滴落位置与闪络概率之间的关系进行了研究，从而定量给出一个鸟粪闪络的风险范围，为提高防鸟装置的应用效果提供有效指导。

4.2 仿真研究

采用数值仿真技术可以对实际架空输电线路进行 1∶1 建模。通过仿真计算输电线路复合绝缘子在不同悬挂方式和鸟粪滴落的不同情况下的空间电场，并与典型不均匀间隙的击穿场强进行比对，可以定量判断在何种情形下容易发生击穿放电。

上述仿真方法为电场仿真，本质是求解多项偏微分方程，而有限元法是目前应用较普遍的一种算法。有限元法是对整个求解区域进行剖分并定义节点和单元，再通过联立方程求解稀疏矩阵的方式来求解偏微分方程。目前常用的商用有限元仿真软件有 Comsol Multiphysics、Ansoft Maxwell 等。

4.2.1 模型搭建

实际环境中鸟类在输电杆塔上排粪，鸟粪下落的初始电位为零。随着鸟粪持续滴落，缩短了高压端与地电位之间的距离，空间电场发生严重畸变。同时鸟粪下落通常为细长状液体，其端部区域电场畸变尤为明显，更容易引起击穿放电。空间电场的分布在一定程度上决定了击穿放电是否会发生。

为更好模拟架空输电线路实际运行情况，首先按照实际尺寸搭建输电杆塔、绝缘子、导线、金具等元件的仿真计算模型。为减少计算量，考虑到输电杆塔的对称性，可以选择搭建半塔模型。鸟粪则通过一细长圆柱体来模拟，同时为避免端部过于尖锐导致场强畸变，对圆柱体端部做圆角处理。最后再为各个部分选择相应的材料属性。在仿真计算时，由于实际交流架空输电线路使用的是交流电，仍属于低频范围，因此一般等效为静电场求解。某 330kV 架空输电线路的杆塔及鸟粪模型如图 4-1 所示。

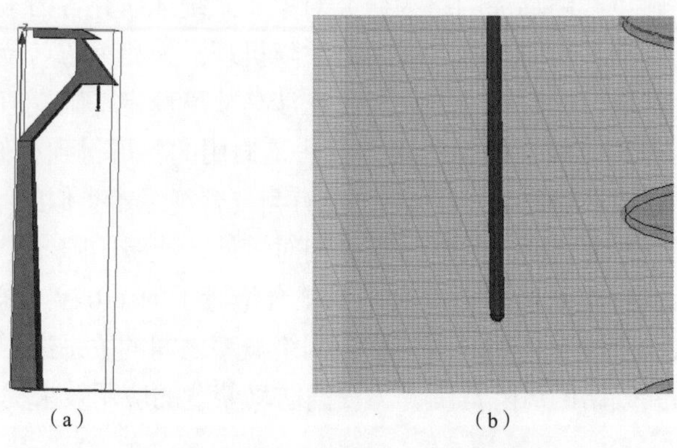

图 4-1　某 330kV 输电杆塔及鸟粪仿真模型

（a）杆塔模型；（b）鸟粪模型（端部放大）

4.2.2　鸟粪长度影响

鸟类不同的排粪量使得单次鸟粪通道的长度不同，从而对空间电场的畸变程度也不同。空间电场的畸变程度决定了其是否发生闪络。图 4-2 给出了鸟粪上端在不脱离横担的情况下从距离绝缘子中轴线 200mm 处与导线共面落下时，不同的鸟粪长度所对应的空间最大场强值。

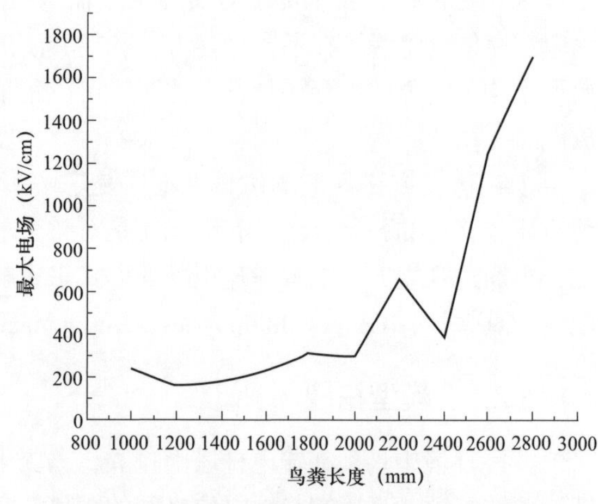

图 4-2　最大场强随鸟粪长度变化图

由图 4-2 可以看出，最大电场强度与鸟粪长度的变化并不是线性关系，且在鸟粪长度等于 2400mm 前后具有明显差异。当鸟粪长度较小时，最大电场强度变化不大，基本维持在一个较低的水平，此时鸟粪通道对空间电场造成的畸变效果不明显；当鸟粪长度超过 2400mm 时，其端部最大电场强度急剧增加，空间电场畸变效果明显，此时极易发生鸟粪闪络故障。由于实际工程中 330kV 架空输电线路的绝缘子上下方通常会安装均压环，均压环的存在虽然在一定程度上降低了电场的不均匀度，却也缩短了高低压端的绝缘距离，因而更容易引发鸟粪闪络。

实际架空输电线路绝缘子附近的电场可以看作是极不均匀电场，若将鸟粪端部与输电导线看作棒——棒间隙，考虑到极不均匀电场下空气的平均击穿场强 $E_b \approx 4\text{kV/cm}$（有效值）$\approx 5.66\text{kV/cm}$（峰值），可以推算出发生鸟粪闪络需要的空气间隙最大不能超过476mm。图4-3给出了空气间隙的平均场强随鸟粪长度变化关系。图中带圆形标签的直线代表空气间隙击穿的最小平均场强，小于最小平均场强的情况不会发生闪络。

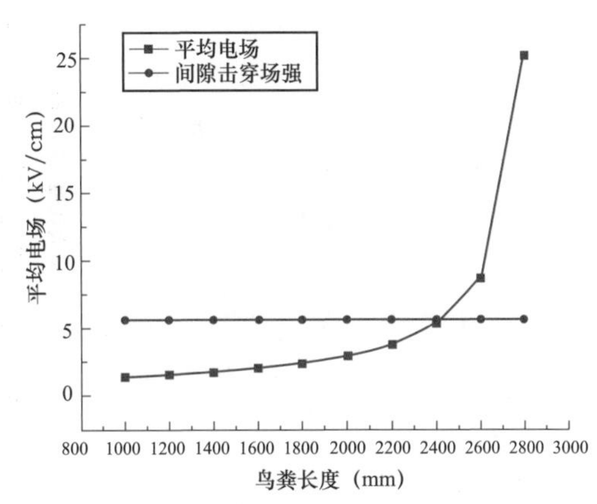

图4-3　平均场强随鸟粪长度变化图

当绝缘子附近空间中没有鸟粪存在时，最大场强一般位于导线及金具附近，其他大部分区域的电场强度要远低于空气间隙击穿的最小平均场强，此时抛去绝缘子的影响，并不满足闪络的发生条件。而当绝缘子附近的空间中出现鸟粪通道时，鸟粪附近的电场会发生明显畸变，同时随着鸟粪通道的不断延长，鸟粪下端的电场畸变效应越发显著，此时鸟粪通道与导线之间形成了棒—棒电极。因此，可以认为当鸟粪上端未脱离横担时，鸟粪越长，发生闪络的概率越大，这与实际环境中鸟类的一次排粪量越大就越容易引发鸟粪闪络是一致的。

4.2.3　鸟粪位置影响

实际工程中输电杆塔的横担是有一定宽度的，因此鸟类可能在横担上任意位置排泄。考虑鸟粪下落通道与导线共面以及异面两种情况，对鸟粪下落位置对空间电场的影响情况进行仿真分析，如图4-4所示。

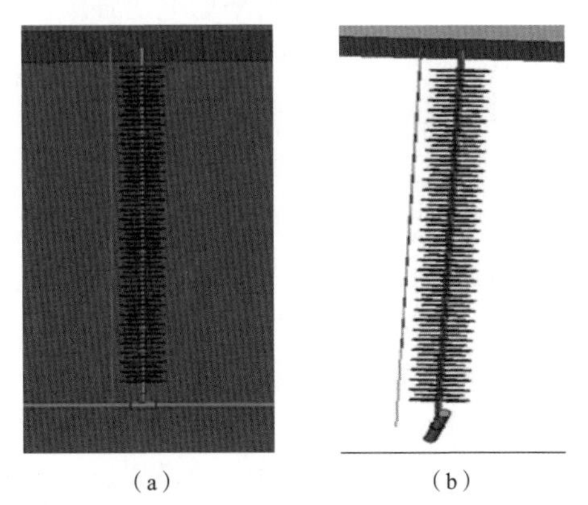

（a）　　（b）

图4-4　鸟粪下落通道与导线共面与异面示意

（a）与导线共面；（b）与导线异面

（1）鸟粪通道与导线所在平面共面。图4-5给出了鸟粪通道距绝缘子中轴线不同距离所对应的最大电场强度（鸟粪半径3mm，长度2400mm，下同）。

由图4-5可以看出，当鸟粪下落通道与导线共面时，最大场强与鸟粪通道与绝缘子中轴线的距离并不呈线性关系。当鸟粪下落通道与绝缘子中轴线的距离较短时，最大电场强度会以极其缓慢的趋势下降，当鸟粪通道与绝缘子中轴线的距离逐渐增加时，最大电场强度的下降速率会明显加快。推测这是因为当鸟粪通道处于绝缘子周围的一定区域时，鸟粪端部电场的畸变效果不仅受鸟粪自身的影响，还会受到绝缘子和金具的影响，所以畸变效应更加明显。当鸟粪通道远离绝缘子时，其端部场强受绝缘子以及金具的影响减弱，畸变效应也会逐渐减弱，此时最大场强的变化仅与鸟粪通道与绝缘子中轴线的距离有关，因此最大场强的下降趋势会明显加快。需要注意的是，即使鸟粪下落通道远离绝缘子中轴线，电场强度依旧处于比较高的水平，说明此时还是有可能引起间隙击穿的。

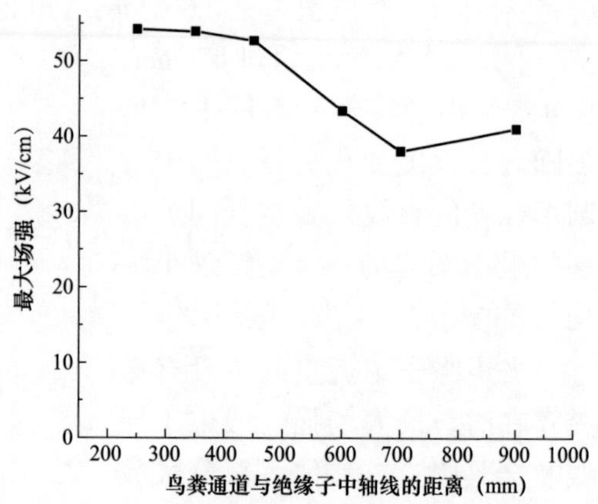

图 4–5　最大场强随鸟粪通道距绝缘子中轴线距离变化图

图 4-6 给出了鸟粪通道与绝缘子中轴线的距离对平均电场强度的影响情况。从图中可以看出，鸟粪通道位置的变化不会对空间平均电场强度产生很大影响，这说明仅从空气间隙击穿的角度来说，当鸟粪通道与导线共面时，鸟粪在此区域位置的变化并不会对绝缘子闪络产生很大影响。但有研究表明，当鸟粪通道距离绝缘子较远时，闪络现象不易发生，这是因为：①鸟粪通道并不一定位于导线所在平面上；②实际中的鸟粪闪络未必是纯粹的空气间隙击穿过程。当鸟粪距离绝缘子较近时，鸟粪闪络实际是绝缘子沿面闪络和空气间隙击穿现象的组合，所以此时较短的鸟粪通道也能引发鸟粪闪络。

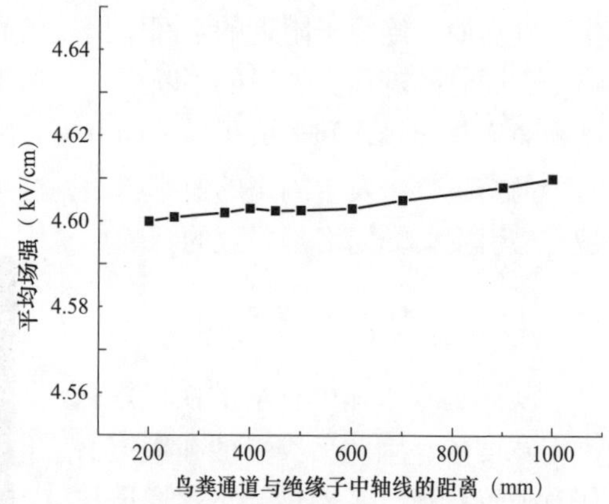

图 4–6　平均场强随鸟粪通道距绝缘子中轴线距离变化图

（2）鸟粪通道与导线所在平面垂直。图 4–7 给出了鸟粪通道距绝缘子中轴线不同距离时所对应的最大电场强度，图 4–8 给出了鸟粪通道与绝缘子中轴线的距离对平均电场强度的影响情况。

由图 4–7 可以看出，鸟粪端部最大电场强度随鸟粪通道与绝缘子中轴线距离的增加呈现出先增加后下降的趋势。推测这是因为当鸟粪下落通道距离绝缘子较近时，鸟粪通道与导线以及金具等形成了某种绝缘屏蔽，对其中的电场产生了一定的改善作用。因此虽然此时鸟粪与绝缘子中轴线之间的距离比较近，但是鸟粪通道的端部电场畸变并不十分明显，反而随着距离的增加，绝缘屏蔽作用逐渐降低，畸变效应逐渐上升。当鸟粪通道与绝缘子中轴线距离较长时，屏蔽作用可以忽略不计，鸟粪端部的畸变效应仅与距离有关，空间最大场强会随着距离的增加而降低。由图 4–8 可以看出，平均电场强度与鸟粪通道距绝缘子中轴线距离大致呈线性的正相关关系，这主要与距离的线性变化相关。

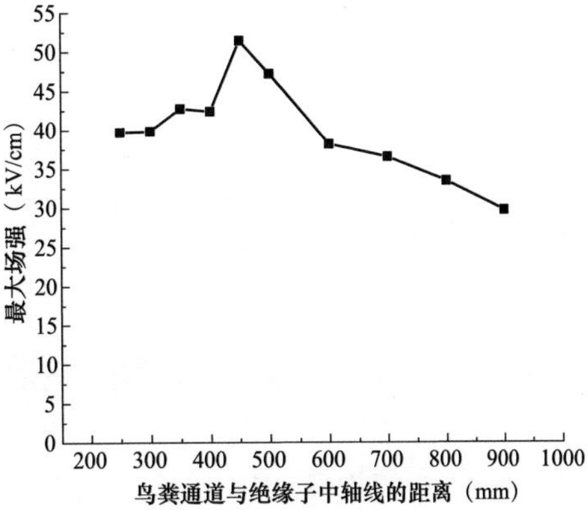

图 4–7　最大场强随鸟粪通道距绝缘子中轴线距离变化图

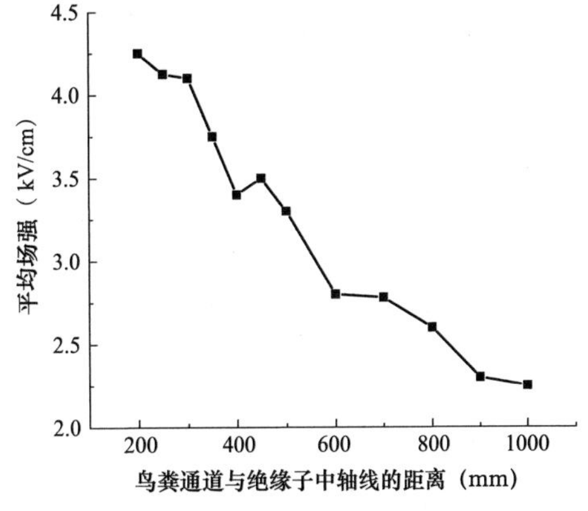

图 4–8　平均场强随鸟粪通道距绝缘子中轴线距离变化图

综合上述两种情况，可以认为当鸟粪通道与导线所在平面共面时闪络更容易发生，且此时闪络概率会一直保持很高的状态。而当鸟粪通道与导线所在平面垂直时，鸟粪通道距离绝缘子中轴线越近闪络概率越高。

4.2.4　鸟粪下落方式影响

实际在鸟粪闪络过程中，还存在另一种情况，即鸟类在排出粪便时虽然也对附近空间电场产生了畸变效果，但并没有引起闪络的发生，而当鸟粪完全离开鸟类身体时，鸟粪受到重力作用，末端的下落速度快于首端，使得鸟粪通道在空中逐渐被拉伸。此时，下落中较长的鸟粪通道引起了空间电场的明显畸变，从而导致闪络发生。

模拟上述情况，设置仿真模型中鸟粪长度为 2400mm，半径为 3mm，与导线共面且距离绝缘子中轴线 500mm。分别设置鸟粪脱离横担的不同长度，计算得到不同长度所对应鸟粪上下端部的最大场强值，如表 4–1 和表 4–2 所示。

表 4-1　　上端部最大场强随脱离长度的变化

脱离长度（mm）	100	200	300	400	500
最大场强（kV/cm）	33.37	39.32	69.12	91.38	145.99

表 4-2　　下端部最大场强随脱离长度的变化

脱离长度（mm）	100	200	300	400	500
最大场强（kV/cm）	24.61	44.46	13.81	13.00	39.33

图 4-9 给出了鸟粪脱离横担的不同长度时鸟粪通道所在直线的电场分布图。

分析上述图表可以得到如下结论：将鸟粪作为良导体考虑时，鸟粪通道上的电压大致相同，再加上鸟粪端部曲率相同，且都是极不均匀电场，因此鸟粪通道上下端部的电场变化趋势基本一致；鸟粪通道的上端部与杆塔可看作是棒—板间隙，而下端部与导线大致形成了棒—棒间隙，因此下端部的电场畸变效应更加明显，最大电场强度相应增加。

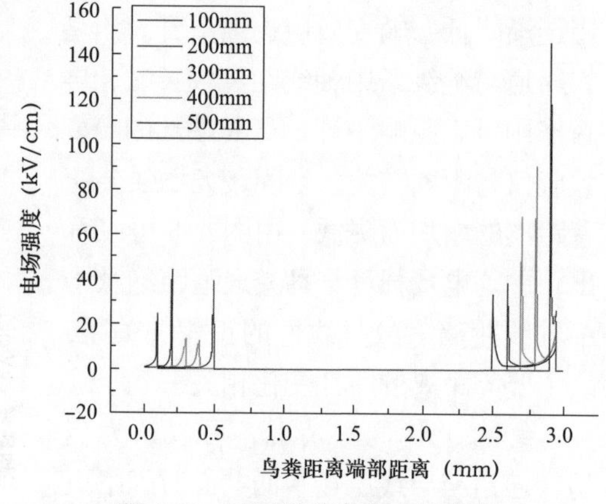

图 4-9　不同脱离距离电场变化

图 4-10 给出了输电杆塔与鸟粪上端部之间、输电导线与鸟粪下端部之间的 2 段空气间隙之间的平均场强随鸟粪脱离横担距离的变化关系。

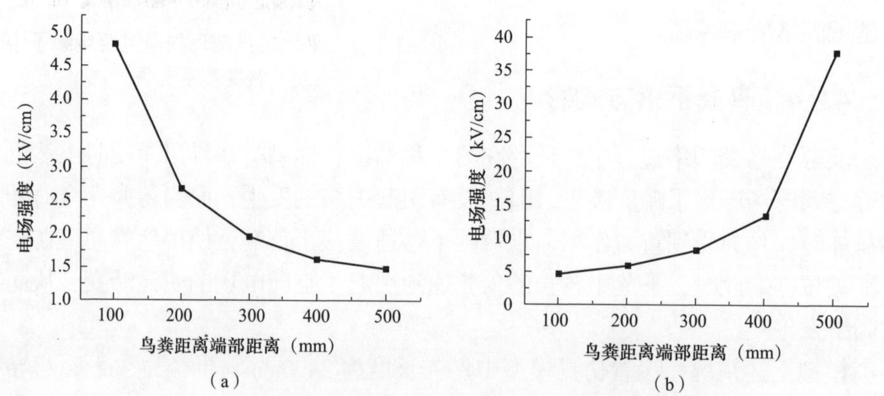

图 4-10　上下端空气间隙平均场强与鸟粪脱离横担距离关系图

（a）上端空气间隙；（b）下端空气间隙

由图 4–10 可以看出，对于上端空气间隙，其平均场强随着鸟粪脱落横担距离的增加先是明显降低，随后缓慢下降；而对于下端空气间隙，其平均场强先是缓慢上升，当鸟粪通道下端靠近输电导线时（鸟粪脱离横担距离大于 400mm），平均场强急剧上升。这种情况下若发生空气间隙击穿，则必然是上下端部的空气间隙均被击穿。

考虑实际闪络过程及上述仿真分析结果，可以看出，悬浮状态下的鸟粪引起高低压端空气间隙击穿有两种可能的情况。第一种是上下端部的空气间隙同时发生击穿，此时上下端空气间隙的平均电场强应满足的条件是

$$\begin{cases} E_{up} \geqslant 5.23\text{kV/cm} \\ E_{below} \geqslant 5.66\text{kV/cm} \end{cases} \tag{4–1}$$

式中：E_{up} 表示上端空气间隙平均场强；E_{below} 表示下端空气间隙平均场强。

结合图 4–10 可以看出，当下端空气间隙的平均场强满足约束条件时，鸟粪脱离横担距离大于 200mm，而此时鸟粪上端的空气间隙平均场强却无法满足约束条件，说明上下端空气间隙同时被击穿的情况不成立。

而另一种情况是，某一端部的空气间隙率先发生了击穿，鸟粪通道电压升为相电压，然后击穿另一端的空气间隙，从而形成“空气间隙—鸟粪通道—空气间隙”的整体击穿。结合图 4–10 可以看出，当鸟粪脱离横担距离为 500mm 时，下端空气间隙的平均场强为 38kV/cm，大于空气的耐受电压 30kV/cm，击穿条件满足。此时鸟粪端部电压升为 269.4kV（相电压峰值），上端空气间隙平均场强升为 5.39kV/cm，足以使空气间隙击穿。对比鸟粪长度为 2400mm 时鸟粪未脱离横担端部的空间电场变化情况，可以看出悬浮状态的鸟粪更容易引起间隙击穿。

4.2.5 鸟粪电导率影响

已有的试验表明，鸟粪电导率不同，发生鸟粪闪络的概率也不相同。具体来说，当鸟粪电导率较低时，相当于绝缘体，有效抑制了闪络通道的形成，从而引起鸟粪闪络的概率几乎为 0；当电导率增加到一定程度时，鸟粪闪络概率将随着电导率的增加而增加，但当电导率增加到一定程度时，电导率的变化便很难对鸟粪闪络的概率产生影响。这是试验得到的结果，对于仿真计算而言，却无法考虑电导率对闪络情况的影响。这是由于工频交流电场频率较低，实际仿真中是将其看作静电场来分析的。在仿真计算中，静电场求解器所满足的泊松方程为

$$\Delta\varphi = -\frac{\rho}{\varepsilon} \tag{4–2}$$

式中：φ 为电位；ρ 为电荷；ε 为介电常数。

在用有限元法解此偏微分方程时，并没有考虑电导率 σ 的影响，如现有的仿真模型不变，电导率的变化并不会直接作用于电场中。因此通过现有的仿真模型不能对鸟粪电导率对鸟粪闪络的影响程度进行定量分析，具体的影响程度将在下一节的试验研究中予以阐述。

对应用了 V 型串复合绝缘子的架空输电线路来说，研究方法与 I 型相似，这里不再赘述，但由于 V 型串绝缘子的角度与 I 型存在本质区别，因此结论相似但细节有所不同。针对 330kV 架空输电线路 V 型串复合绝缘子的鸟粪闪络进行仿真研究，可得到以下结论：

（1）当鸟粪长度大于 1000mm 时，鸟粪端部的电场畸变程度迅速增大。

（2）当鸟粪通道与绝缘子共面时，最大场强随着鸟粪通道与绝缘子中轴线距离的增加先增大后减小。

（3）当鸟粪通道与导线共面时，最大场强基本保持不变。

（4）若鸟粪的长度在未脱离杆塔横担时就已经足以引起闪络，那么在悬浮状态下，能引起闪络的悬浮位置可能不止一个。

4.3 试验研究

采用数值仿真方法可以得到鸟粪在不同滴落位置和滴落过程中空间电场强度的变化情况，通过与典型不均匀场的击穿场强作对比，可以定量分析鸟粪在何位置以何种形式滴落时，可能发生闪络的范围。但是根据间隙平均电场来判断闪络的可能性会存在以下问题：①评判标准依赖于人的经验，可能与实际有所不同；②即使间隙平均场强达到击穿值，但由于各种原因未必能建弧。因此，虽然通过仿真模拟可以定量地探明空间电场的变化情况，但无法明确在某种条件下鸟粪闪络一定会发生。事实上在同一条件下，鸟粪闪络是一个概率性事件。

不同的鸟粪长度、位置、脱离横担距离等是发生鸟粪闪络的外部因素，而其发生时的低温、湿污环境也是不可忽视的重要原因。多数鸟粪闪络发生时，输电线路复合绝缘子具有轻度污秽，且凌晨 2：00 ～ 7：00 的低温高湿环境也可能会使得复合绝缘子表面更加湿润。以往对鸟粪闪络的试验研究多是在清洁绝缘子上进行的，但这并不完全符合实际。因此，在充分考虑输电线路实际运行环境的前提下，本节以 330kV 架空输电线路 I 型串污秽复合绝缘子为对象，对鸟粪闪络过程进行试验研究。

4.3.1 试验装置与方法

试验研究通常需要搭建模拟实际情况的试验平台，不同电压等级输电线路或不同学者对搭建试验平台的思路有所不同，但总体功能是相似的。下面介绍一种典型试验平台与试验方法。

用于鸟粪闪络试验研究的试验装置主要包括四个部分。

（1）高压发生装置，用以模拟实际运行电压，主要包括试验变压器、调压器、电压互感器、高压套管等。

（2）复合绝缘子及金属支架，用于模拟实际输电杆塔及其结构。

（3）鸟粪滴落装置，用于模拟实际鸟类排粪，主要包括鸟粪模拟液和可调的鸟粪推进装置。

（4）测量记录装置，包括用于记录闪络过程的高速摄像仪，测量复合绝缘子表面泄漏电流的装置以及电压、电流表计等。

试验前可将调配好的鸟粪模拟液装入鸟粪推进装置，正式试验时可通过控制阀门开闭和流速调节来改变鸟粪长度、滴落位置及状态等变量。完整的试验平台如图 4–11 所示。部分装置的具体参数及功能如表 4–3 所示。

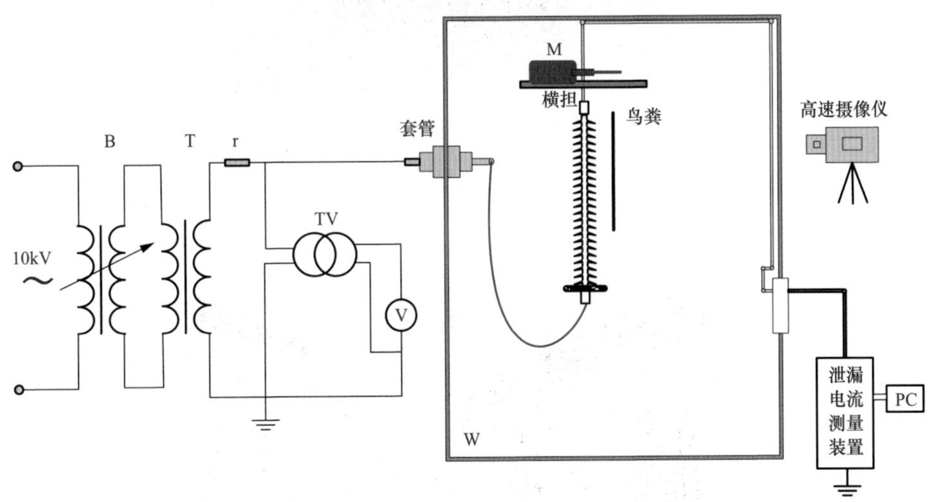

图 4–11　鸟粪闪络试验平台

B—调压器；T—试验变压器；r—保护电阻；TV—电压互感器；
M—鸟粪推进装置；W—人工污秽实验室；V—电压表；PC—工作机

表 4-3　　部分鸟粪闪络试验装置参数及功能

设备名称	参数及功能
人工污秽试验室	尺寸为 12m × 12m × 15m；试验调压器参数 6.3kV/6.3kV，2500kVA，试验变压器参数为 6kV/750kV，3000kVA
330kV 复合绝缘子	FXBW-330/120-3
高速摄像仪	Redlake 公司产品，型号为 Motion scope M3 2000 黑白成像，每秒最高 1000 幅照片
鸟粪推进装置	自制，可控制鸟粪模拟液下落速度及状态

鸟粪推进装置如图 4-12 所示。

图 4-12　鸟粪推进装置

I 型复合绝缘子现场布置图如图 4-13 所示。

图 4-13　I 型复合绝缘子串现场布置图

鸟粪能否引起闪络的关键是鸟粪的电导率和长度。国内有研究搜集的鸟粪黏度实测约为 25.97mm^2/s，电导率约 3650μS/cm，而国外搜集鹰类鸟粪测得电导率为 8333 ～ 33333μS/cm。而已有研究表明，鸟粪的电导率达到 3000μS/cm 以上就已足够引起闪络，一般的鸟粪都能达到这一条件。因此，决定闪络能否发生的关键因素是鸟粪的长度。影响鸟粪长度的因素有体积、黏度等，当鸟粪的体积足够时，鸟粪的黏度就变成了关键。

本书所述的试验研究中，鸟粪模拟溶液以实测鸟粪为标准，采用鸡蛋、108 胶、水及盐等进行配置，其中盐可以调整电导率，而鸡蛋和 108 胶可以调整溶液黏度。经过调整配置之后，模拟鸟粪溶液电导率为 6000μS/cm，密度为 0.937g/cm^3，动力黏度为 25.4mPa·s，即运动黏度为 27.1mm^2/s。调配出来的鸟粪模拟液看似较稀，但可以连续下落形成细长的柱状形态，最长可达到 2.5m。值得指出的是，日常生活中直观感觉鸟粪黏度似乎很大，这其实是因为实际中看到的鸟粪常常已经失水变成了非牛顿液体，浓度较大却未必能够拉长。

每次闪络所用的鸟粪模拟液体积可以通过拍摄到的闪络录像得到。根据录像，可得到从鸟粪开始滴落直到闪络发生的时间，由此估算模拟液的体积。

开始试验前，先按照图 4–11 所示搭建好试验平台，并将鸟粪模拟液装入推进装置。其中的复合绝缘子若是已经染污，则使用喷壶对其喷水，使其表面足够湿润。待安全措施做好后，接通电源并升压至 190kV（330kV 输电线路额定相电压）保持恒定。开启电源使鸟粪推进装置工作，鸟粪模拟液开始下落，这时用高速摄像仪拍摄闪络图像。

4.3.2 鸟粪下落通道影响

鸟粪不同下落方式及下落通道对鸟粪闪络概率有重要影响。其中，鸟粪下落方式对闪络的影响已在仿真计算中说明，此处将通过具体试验探究鸟粪下落通道的具体影响。试验中如果绝缘子需要染污，采用等值盐密 ESDD=0.1mg/cm^2，灰密 NSDD=1.2mg/cm^2 的典型污秽物。模拟试验条件如表 4–4 所示。

表 4–4　　模拟试验条件一览表

编号	试验条件		备注
1	鸟粪与横担未脱离且与导线异面	带均压环	清洁及湿污复合绝缘子对比试验
		不带均压环	
2	鸟粪与横担脱离且与导线异面	带均压环	
		不带均压环	
3	鸟粪与横担脱离且与导线共面	带均压环	
		不带均压环	

4.3.2.1 鸟粪与横担未脱离且与导线异面

鸟粪未脱离横担且与导线异面示意如图 4–14 所示。

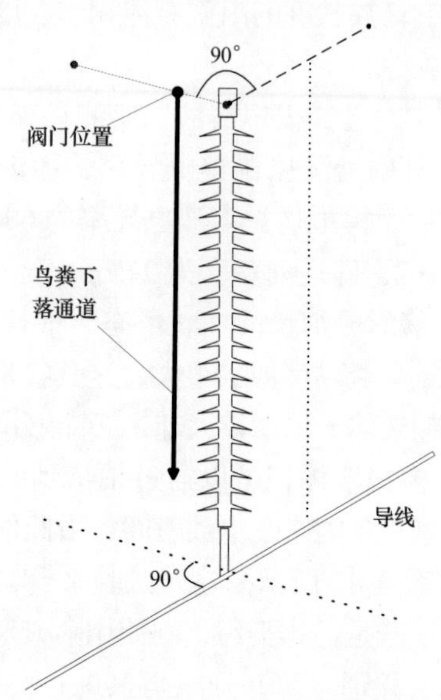

图 4–14　鸟粪未脱离横担其与导线异面示意图

（1）清洁复合绝缘子带均压环。一般试验条件控制温度为 20℃，相对湿度为 65%RH。绝缘子均压环的内径和外径分别为 27cm 和 33cm，复合绝缘子的伞裙直径为 10.15cm。

表 4–5 展示了不同鸟粪长度 L、绝缘子伞裙边缘距离 D 与不同鸟粪通道组合情况下的试验结果（每种情况进行 10 次下落试验）。其中，鸟粪长度可通过改变鸟粪黏度分别为 28.4、36.2、44.5、52.1mPa·s 来控制，鸟粪电导率为 6500μS/cm。由表 4–5 可以看出，在上述组合情况下均未发生闪络。

表 4–5　　清洁复合绝缘子带均压环鸟粪闪络试验结果

D（cm） \ L（cm）	101	193	232	258
5	否	否	否	否
12	否	否	否	否
20	否	否	否	否
30	否	否	否	否

（2）湿污复合绝缘子带均压环。制备污秽复合绝缘子时，需在前一天用由高

岭土和盐分配置的典型污秽涂刷好复合绝缘子，然后静置 24h。试验开始前污秽基本还没有获得憎水性。表 4–6 给出了不同鸟粪长度 L 和不同绝缘子伞裙边缘距离 D 情况下的试验结果（每种情况进行 10 次下落试验）。

表 4–6　　　湿污复合绝缘子带均压环鸟粪闪络试验结果

D（cm） \ L（cm）	61	155	215	238
5	0/10	5/10	8/10	10/10
12	0/10	1/10	2/10	5/10
20	0/10	0/10	1/10	1/10
30	0/10	0/10	0/10	0/10

由表 4–8 可以看出，复合绝缘子表面的污秽程度对闪络概率有较大影响：当绝缘子表面清洁时，即使鸟粪靠近绝缘子表面且具有较长的下落长度也无法造成闪络。而当绝缘子表面污秽程度较高时，表面污秽的存在会增加发生沿面闪络的概率。

（3）清洁复合绝缘子无均压环。表 4–7 给出了去掉清洁复合绝缘子均压环情况下的试验结果。可以发现在复合绝缘子表面清洁的情况下，没有均压环极难发生鸟粪闪络。

表 4–7　　　清洁复合绝缘子无均压环鸟粪闪络试验结果

D（cm） \ L（cm）	61	155	215	238
5	否	否	否	否
12	否	否	否	否
20	否	否	否	否
30	否	否	否	否

（4）湿污复合绝缘子无均压环。表 4–8 给出了去掉湿污复合绝缘子均压环情况下的试验结果。由表 4–8 可以看出，相同的湿污绝缘子相比带均压环的情况，不带均压环将会显著降低鸟粪闪络概率。这主要是因为均压环在降低了高低压端绝缘距离的同时改变了绝缘子周围的电场分布，特别是当鸟粪下落通道在均压环内部的时候（D<13.5cm），发生鸟粪闪络的概率显著提升。

表 4-8　　　　湿污复合绝缘子无均压环鸟粪闪络试验结果

D（cm）＼ L（cm）	61	155	215	238
5	0/10	2/10	5/10	5/10
12	0/10	0/10	0/10	2/10
20	0/10	0/10	0/10	0/10
30	0/10	0/10	0/10	0/10

4.3.2.2　鸟粪与横担脱离且与导线异面

鸟粪在实际下落过程中可能会与鸟类身体脱离，然后拉长并自由下落。这种下落方式是鸟粪闪络的重要形式，而且这种故障发生后将很难在现场找到鸟粪痕迹，多归类于不明原因的闪络。鸟粪脱离横担且与导线异面如图 4-15 所示。

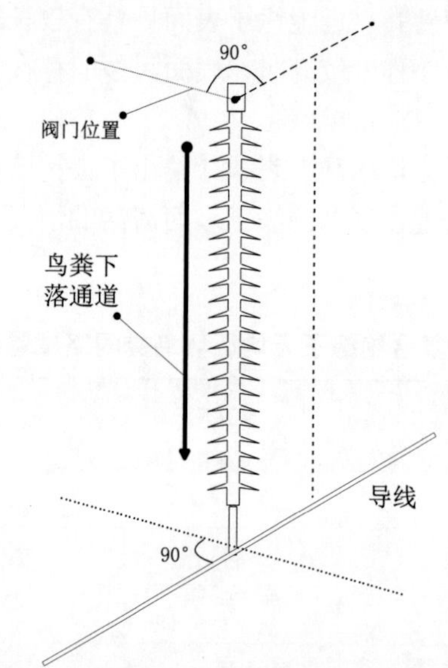

图 4-15　鸟粪与横担脱离且与导线异面示意图

（1）清洁复合绝缘子带均压环。表 4-9 给出清洁复合绝缘子带均压环情况下的试验结果，其中 L 表示鸟粪长度，D 表示绝缘子伞裙边缘距离，每种情况进行 10 次下落试验，均未发生闪络，试验过程记录的闪络图像如图 4-16。

表 4-9　　清洁复合绝缘子鸟粪闪络试验结果

D（cm）＼ L（cm）	61	155	215	238
5	否	否	否	否
12	否	否	否	否
20	否	否	否	否
30	否	否	否	否

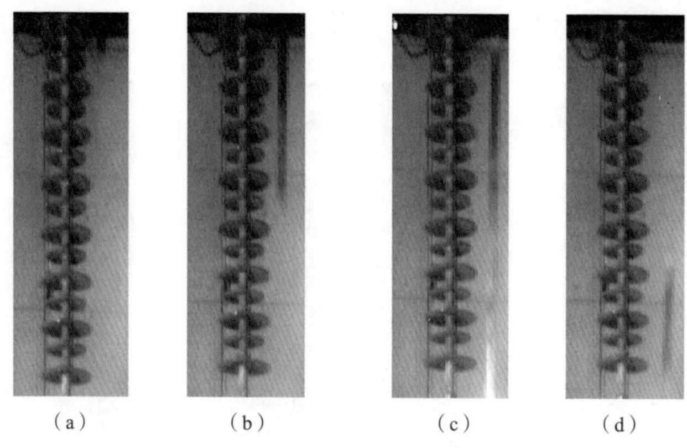
（a）　（b）　（c）　（d）

图 4-16　清洁复合绝缘子鸟粪闪络试验过程

（a）滴落初；（b）滴落中；（c）滴落末；（d）滴落尾

（2）湿污复合绝缘子不带均压环。表 4-10 ～表 4-13 给出了不带均压环的湿污复合绝缘子在不同鸟粪最大下落长度和绝缘子伞裙边缘距离 D 情况下的鸟粪闪络试验结果，每种情况进行 10 次下落试验。

表 4-10　　湿污复合绝缘子不带均压环鸟粪闪络试验结果（D=5cm）

鸟粪最大下落长度（cm）	61	155	215	238
闪络次数 / 试验次数	0/10	0/10	5/10	5/10

表 4-11　　湿污复合绝缘子不带均压环鸟粪闪络试验结果（D=12cm）

鸟粪最大下落长度（cm）	61	155	215	238
闪络次数 / 试验次数	0/10	0/10	0/10	1/10

表 4-12　　湿污复合绝缘子不带均压环鸟粪闪络试验结果（D=20cm）

鸟粪最大下落长度（cm）	61	155	215	238
闪络次数 / 试验次数	0/10	0/10	0/10	0/10

表 4-13　湿污复合绝缘子不带均压环鸟粪闪络试验结果（D=30cm）

鸟粪最大下落长度（cm）	61	155	215	238
闪络次数 / 试验次数	0/10	0/10	0/10	0/10

分析表 4-10～表 4-13 可以看出，不同的试验参数组合下，试验结果呈现出一定的概率性；鸟粪越长，鸟粪模拟液与伞裙边缘的距离越近，闪络越容易发生。当然闪络可能也与复合绝缘子表面的污秽程度、憎水性及湿润度有关。其中截取到闪络过程如图 4-17 所示。

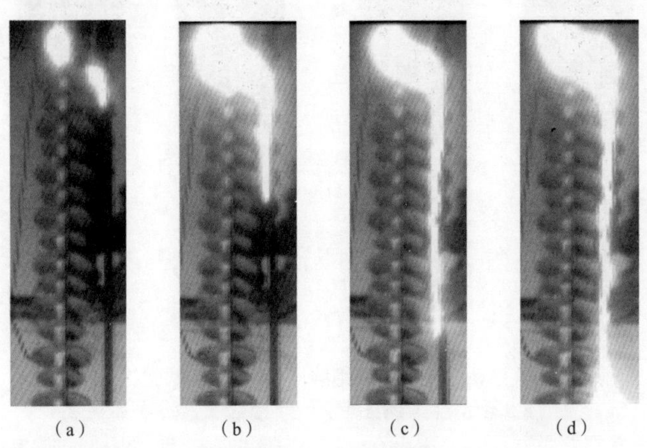

图 4-17　D=5cm、L=215cm 湿污复合绝缘子不带均压环时闪络过程

（a）起弧；（b）燃弧；（c）拉弧；（d）贯通

根据录像分析，鸟粪闪络是空气击穿与沿面爬弧的混合。在低压端，鸟粪通道与伞裙边缘之间的空气间隙首先起弧，并在鸟粪的牵引下向下爬弧；然后高压端也起弧并向上爬弧，再与鸟粪模拟液连接，最终电弧整体贯通。

（3）湿污复合绝缘子带均压环。表 4-14～表 4-17 给出了带均压环的湿污复合绝缘子在不同鸟粪最大下落长度和绝缘子伞裙边缘距离 D 情况下鸟粪闪络试验结果，每种情况进行 10 次下落试验。

表 4-14　湿污复合绝缘子带均压环鸟粪闪络试验结果（D=5cm）

鸟粪最大下落长度（cm）	61	155	215	238
闪络次数 / 试验次数	0/10	2/10	5/10	8/10

表 4–15　湿污复合绝缘子带均压环鸟粪闪络试验结果（D=12cm）

鸟粪最大下落长度（cm）	61	155	215	238
闪络次数 / 试验次数	0/10	0/10	2/10	2/10

表 4–16　湿污复合绝缘子带均压环鸟粪闪络试验结果（D=20cm）

鸟粪最大下落长度（cm）	61	155	215	238
闪络次数 / 试验次数	0/10	0/10	1/10	1/10

表 4–17　湿污复合绝缘子带均压环鸟粪闪络试验结果（D=30cm）

鸟粪最大下落长度（cm）	61	155	215	238
闪络次数 / 试验次数	0/10	0/10	0/10	0/10

对比不带均压环的情况，相同条件下带均压环的复合绝缘子更易发生闪络，这主要是因为均压环进一步缩短了绝缘距离，同时改变了电场分布。当 D 为 5cm 和 12cm 时，鸟粪下落通道处于均压环内部，鸟粪闪络概率明显高于其他几种情况。其中截取到闪络过程如图 4–18 所示。

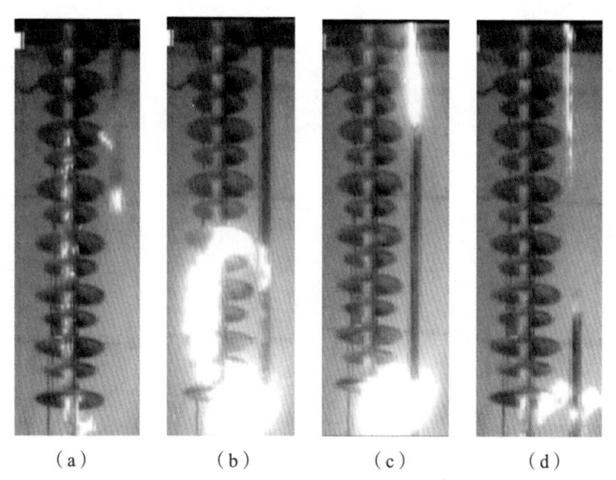

（a）　（b）　（c）　（d）

图 4–18　D=5cm、L=215cm 湿污复合绝缘子带均压环时闪络过程
（a）起弧；（b）燃弧；（c）贯通；（d）熄弧

4.3.2.3　鸟粪与横担脱离且与导线共面

由于横担的宽度远大于复合绝缘子伞裙直径，因此鸟粪下落通道可能与导线共面。根据 4.2.3 节的仿真结果可知，在鸟粪下落距离相同时，鸟粪下落通道与

导线共面的闪络概率高于异面。鸟粪脱离横担且与导线共面示意如图 4–19 所示。

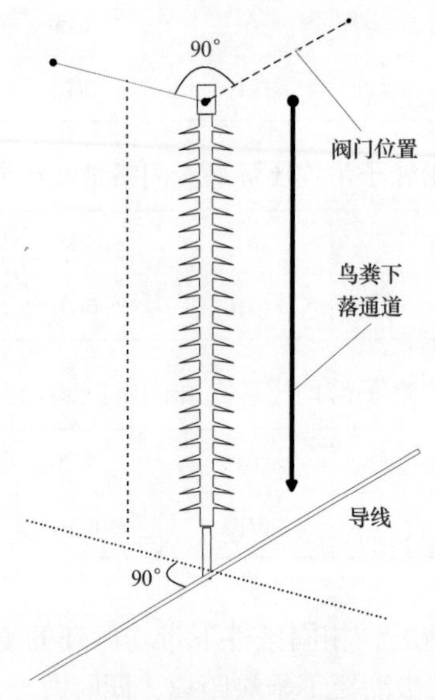

图 4–19　鸟粪脱离横担且与导线共面示意图

（1）清洁复合绝缘子带均压环。表 4–18 ～表 4–21 给出了清洁复合绝缘子带均压环时的鸟粪闪络试验结果，*D* 表示绝缘子伞裙边缘距离，每种情况进行 10 次下落试验。

表 4–18　清洁复合绝缘子鸟粪闪络试验结果（*D*=5cm）

鸟粪最大下落长度（cm）	61	155	215	238
闪络次数 / 试验次数	10/10	10/10	10/10	10/10

表 4–19　清洁复合绝缘子鸟粪闪络试验结果（*D*=12cm）

鸟粪最大下落长度（cm）	61	155	215	238
闪络次数 / 试验次数	2/10	2/10	3/10	5/10

表 4–20　清洁复合绝缘子鸟粪闪络试验结果（*D*=20cm）

鸟粪最大下落长度（cm）	61	155	215	238
闪络次数 / 试验次数	0/10	1/10	2/10	2/10

表 4-21　　清洁复合绝缘子鸟粪闪络试验结果（D=30cm）

鸟粪最大下落长度（cm）	61	155	215	238
闪络次数 / 试验次数	0/10	0/10	0/10	0/10

清洁复合绝缘子上发生的闪络属于纯粹的空气击穿，但闪络发展的速度非常快。高速摄像仪设置的帧数是 5000 帧 /s，但是电弧在 10 帧之内就完成了贯通。此外虽然这种情况下鸟粪的下落长度达到了 2.38m，但鸟粪溶液仍然能够连续下落，这与前几节中提到的鸟粪形态是不一样的。这主要是因为鸟粪与复合绝缘子之间的距离增大，从而受到电场的影响减小。高速摄影仪拍摄到闪络过程如图 4-20 所示。

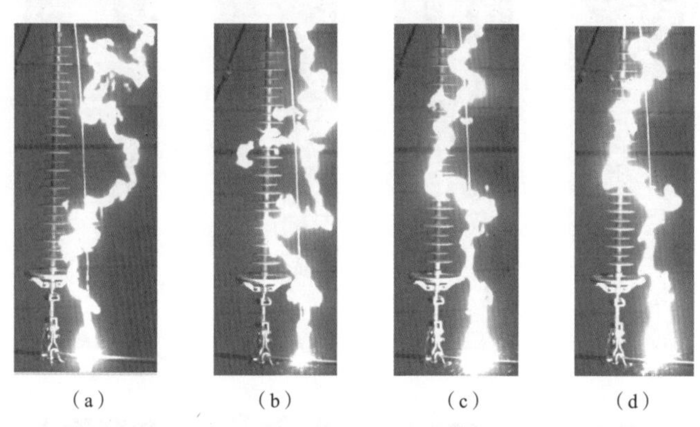

（a）　（b）　（c）　（d）

图 4-20　D=5cm、L=155cm 清洁复合绝缘子带均压环闪络过程
（a）滴落初；（b）滴落中；（c）滴落末；（d）滴落尾

（2）湿污复合绝缘子不带均压环。表 4-22 ～表 4-25 给出了湿污复合绝缘子不带均压环的鸟粪闪络试验结果，D 表示绝缘子伞裙边缘距离，每种情况进行 10 次下落试验。高速摄影仪拍摄到闪络过程如图 4-21 所示。

表 4-22　　湿污复合绝缘子鸟粪闪络试验结果（D=5cm）

鸟粪最大下落长度（cm）	61	155	215	238
闪络次数 / 试验次数	10/10	10/10	10/10	10/10

表 4-23　　湿污复合绝缘子鸟粪闪络试验结果（D=12cm）

鸟粪最大下落长度（cm）	61	155	215	238
闪络次数 / 试验次数	2/10	5/10	5/10	10/10

表 4-24　　　湿污复合绝缘子鸟粪闪络试验结果（D=20cm）

鸟粪最大下落长度（cm）	61	155	215	238
闪络次数 / 试验次数	0/10	1/10	2/10	2/10

表 4-25　　　湿污复合绝缘子鸟粪闪络试验结果（D=30cm）

鸟粪最大下落长度（cm）	61	155	215	238
闪络次数 / 试验次数	0/10	0/10	0/10	0/10

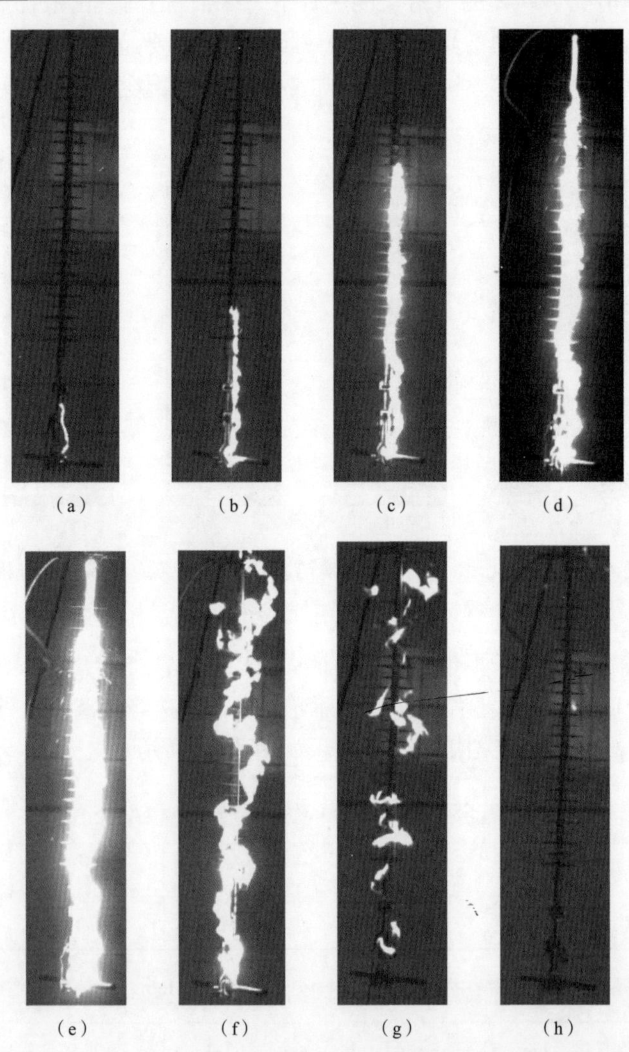

图 4-21　D=5cm、L=155cm 湿污复合绝缘子不带均压环闪络过程

（a）起弧；（b）燃弧；（c）拉弧；（d）贯通

（e）完全闪络；（f）初始熄弧；（g）零星弧光；（h）完全熄弧

由上述图表可以看出，当鸟粪下落位置与复合绝缘子伞裙边缘距离达到30cm时，不管复合绝缘子自身状态如何，下落的鸟粪溶液对闪络的影响均较小。而在下落鸟粪与导线共面时，当鸟粪下落位置与复合绝缘子伞裙边缘距离小于5cm时，发生闪络的概率几乎是100%。主要原因是下落鸟粪与导线共面时大大缩减了高低压端的空气间隙，闪络几乎完全通过鸟粪通道完成。对比不同的绝缘子染污状态，发现在鸟粪下落位置与复合绝缘子伞裙边缘距离较小时，复合绝缘子表面的污秽程度对闪络有一定影响，而当距离达到30cm以上时，该影响微乎其微。

4.3.2.4 鸟粪闪络试验结果一览

总结上述不同试验条件下的鸟粪闪络试验结果如表4–26所示。

表4–26 不同试验条件下鸟粪闪络试验结果一览

编号	试验条件			是否闪络	闪络特点
1	鸟粪与横担未脱离且与导线异面	有均压环	清洁	否	
			湿污	是	有沿面爬弧，但仍然是空气击穿
		无均压环	清洁	否	
			湿污	是	沿面爬弧和空气击穿共同导致的闪络
2	鸟粪与横担脱离且与导线异面	有均压环	清洁	否	
			湿污	是	沿面爬弧和空气击穿共同导致的闪络
		无均压环	清洁	否	
			湿污	是	沿面爬弧和空气击穿共同导致的闪络
3	鸟粪与横担脱离且与导线共面	有均压环	清洁	是	空气击穿
			湿污	是	
		无均压环	清洁	是	
			湿污	是	

4.3.3 鸟粪及环境参数影响

下文介绍鸟粪不同电导率、体积以及环境因素对鸟粪闪络概率的影响。采用带均压环的湿污复合绝缘子进行试验，外部温湿度设置为20℃，65%RH。

4.3.3.1 鸟粪黏度与鸟粪最大下落长度的对应关系试验

选择20ml鸟粪模拟液在未脱离横担与脱离横担两种情况下自由下落，通过高速摄影机拍摄鸟粪在空中的形态计算鸟粪在空中最大连续长度，结果如图4-22所示。可以发现鸟粪最大连贯长度随鸟粪黏度增大而增大，但由于总体积有限，鸟粪长度的增大幅度逐渐降低；同等黏度的鸟粪在未脱离横担情况下鸟粪的最大长度高于脱离横担下落的鸟粪。这是由于鸟粪在加速下落时具有一定的初速度，容易造成鸟粪团聚在端部，从而不易形成较长的连续液体。

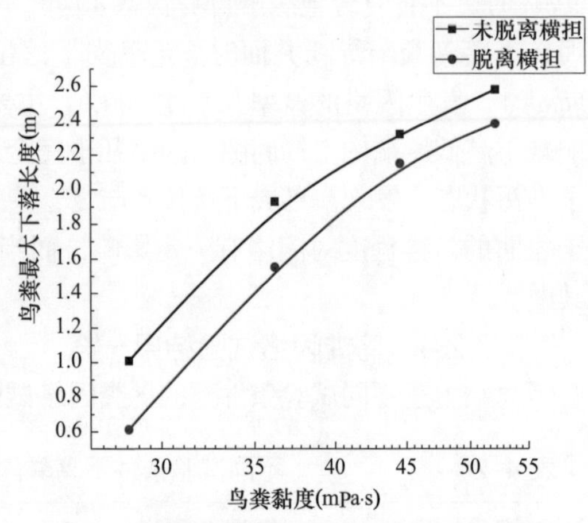

图4-22 不同下落方式下20ml鸟粪最大下落长度与黏度的对应关系

4.3.3.2 鸟粪体积与鸟粪最大下落长度的对应关系试验

在未脱离横担情况下，选择体积分别为15、20、25、30ml的鸟粪模拟液自由下落，通过高速摄影机拍摄鸟粪在空中的形态计算鸟粪在空中最大连续长度，试验结果如图4-23所示。可以发现：鸟粪最大连贯长度随鸟粪体积增大而增大，但由于鸟粪黏度的限制，鸟粪长度的增大幅度逐渐降低，最终趋向于某个极限长度；不同体积的鸟粪模拟液在黏度较低时最大连续长度差异较小，随着黏度增大差异逐渐增大，并最终趋向于不同的极限长度。

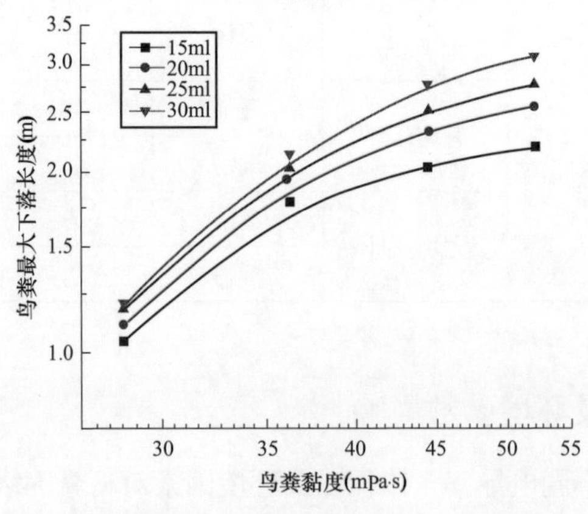

图4-23 不同体积鸟粪最大下落长度与黏度的对应关系（未脱离横担）

4.3.3.3 不同电导率、体积鸟粪下落时的闪络概率试验

在未脱离横担情况下，选择电导率分别为4500、5500、6500、7500 μS/cm的鸟粪模拟液，记录其在不同鸟粪下落长度情况下的闪络试验结果，如表4-27～表4-30所示。每种情况进行10次下落试验。

表4-27 不同鸟粪下落长度鸟粪闪络试验结果（电导率为4500 μS/cm）

鸟粪最大下落长度（cm）	177	193	203	213
闪络次数 / 试验次数	0/10	0/10	0/10	0/10

表4-28 不同鸟粪下落长度鸟粪闪络试验结果（电导率为5500 μS/cm）

鸟粪最大下落长度（cm）	177	193	203	213
闪络次数 / 试验次数	0/10	0/10	2/10	2/10

表4-29 不同鸟粪下落长度鸟粪闪络试验结果（电导率为6500 μS/cm）

鸟粪最大下落长度（cm）	177	193	203	213
闪络次数 / 试验次数	0/10	3/10	3/10	5/10

表4-30 不同鸟粪下落长度鸟粪闪络试验结果（电导率为7500 μS/cm）

鸟粪最大下落长度（cm）	177	193	203	213
闪络次数 / 试验次数	5/10	5/10	8/10	10/10

由上述试验结果可以看出，鸟粪体积越大，鸟粪模拟液电导率越高，闪络越容易发生。当然闪络可能也与污秽程度、憎水性及湿润程度有关。特别是当鸟粪体积在20mL以上，电导率在6500 μS/cm以上时，闪络概率较高。

4.3.3.4 不同环境条件下鸟粪闪络概率试验

在未脱离横担情况下，选择电导率分别为4500、5500、6500、7500 μS/cm的鸟粪模拟液，记录其在不同的环境湿度下的闪络试验结果，如表4-31～表4-34所示。每种情况进行10次下落试验。

表4-31 不同环境湿度下鸟粪闪络试验结果（电导率为4500 μS/cm）

环境湿度	52%	65%	78%	96%
闪络次数 / 试验次数	0/10	0/10	0/10	0/10

表 4–32　不同环境湿度下鸟粪闪络试验结果（电导率为 5500 μS/cm）

环境湿度	52%	65%	78%	96%
闪络次数 / 试验次数	0/10	0/10	0/10	2/10

表 4–33　不同环境湿度下鸟粪闪络试验结果（电导率为 6500 μS/cm）

环境湿度	52%	65%	78%	96%
闪络次数 / 试验次数	0/10	3/10	5/10	5/10

表 4–34　不同环境湿度下鸟粪闪络试验结果（电导率为 7500 μS/cm）

环境湿度	52%	65%	78%	96%
闪络次数 / 试验次数	8/10	10/10	10/10	10/10

由上述试验结果可以看出，环境湿度越高，鸟粪模拟液电导率越高，闪络越容易发生。特别是当环境湿度达到 96%RH、电导率在 6500 μ S/cm 以上时，闪络概率高于 50%。

V 型绝缘子串的闪络特性试验过程及结果与 I 型相似，这里不再赘述，表 4–35 给出了应用 V 型复合绝缘子串输电线路鸟粪闪络试验结果。

表 4–35　V 型复合绝缘子鸟粪闪络试验结果一览

<table>
<tr><th>编号</th><th colspan="3">试验条件</th><th>是否闪络</th><th>闪络特点</th></tr>
<tr><td rowspan="4">1</td><td rowspan="4">鸟粪与横担未脱离情况</td><td rowspan="2">有均压环</td><td>清洁</td><td>是</td><td rowspan="8">下落点靠近绝缘子时有沿面爬弧，但主要是空气击穿闪络</td></tr>
<tr><td>湿污</td><td>是</td></tr>
<tr><td rowspan="2">无均压环</td><td>清洁</td><td>否</td></tr>
<tr><td>湿污</td><td>是</td></tr>
<tr><td rowspan="4">2</td><td rowspan="4">鸟粪与横担脱离情况</td><td rowspan="2">有均压环</td><td>清洁</td><td>是</td></tr>
<tr><td>湿污</td><td>是</td></tr>
<tr><td rowspan="2">无均压环</td><td>清洁</td><td>否</td></tr>
<tr><td>湿污</td><td>是</td></tr>
</table>

4.4　风险范围研究

通过对 330kV 架空输电线路复合绝缘子鸟粪闪络仿真与模拟试验研究，可以得到鸟粪闪络的一般机理与典型规律，有助于运维人员更好地了解鸟粪闪络过程。但是在实际运维工作中，运维人员往往更关心如何防护鸟粪闪络。通过前述章节的试验和仿真结果可以发现，鸟粪闪络并不是鸟类在横担上任意位置排泄都能发生的，不同的工况都对应有一个具体的范围。因此，在实际防护中，只需要保证在该鸟粪闪络高危范围内不出现鸟粪通道即可。

目前大多数防鸟手册中给出的鸟粪闪络风险范围是一个以绝缘子悬挂点为中心的圆形区域，然而通过大量的仿真和试验可以发现，鸟粪从不同位置滴落时，临界闪络距离（即闪络概率为零时距离伞裙边缘的最短距离）是不同的，可以推测出实际鸟粪闪络范围应类似于椭圆形。

实际运行环境中输电杆塔的横担宽度远大于绝缘子盘径，鸟类可能在横担上任意点排泄，鸟粪滴落通道不一定只沿横担方向或者沿导线方向，而不同方向上可能有不同的保护距离，因此椭圆形的风险范围也是粗略的判断。为得到精确的鸟粪闪络风险范围，必须进一步研究鸟粪在各个滴落位置下的临界闪络距离。

从宁夏电网历史涉鸟故障数据来看，故障多发生在110kV架空输电线路中，且绝缘子串型绝大部分都是I型串（97.66%）。考虑到不同电压等级下鸟粪闪络的机理和规律是相似的，本节拟以应用I型复合绝缘子串的110kV架空输电线路为例，通过试验及数值仿真研究不同鸟粪滴落通道对闪络概率的影响，并给出鸟粪闪络的风险范围。值得说明的是，其余电压等级线路及不同材质绝缘子的鸟粪闪络风险范围与此类似，只是尺寸存在差异，具体可由本节给出的风险范围推导得出。

4.4.1 试验研究

试验所用装置及方法同4.3.1节相似，除所用复合绝缘子额定电压为110kV，在复合绝缘子挂点上方垂直于原横担位置新增了一个辅助横担外，其余装置均相同。为定量分析，每次试验滴落30ml鸟粪模拟液。

为获取鸟粪闪络的风险范围，需要考虑更多的鸟粪滴落路径，若将鸟粪通道、复合绝缘子、导线均近似认为直线，则称鸟粪通道与绝缘子确定的平面为鸟粪平面，导线与绝缘子确定的平面为导线平面。对于鸟粪滴落路径，选择4种空间关系：鸟粪平面与导线平面角度呈0°、30°、60°和90°，如图4–24所示。

设置环境温度为24℃，相对湿度为60%～70%RH，鸟粪未脱离横担的条件下得到不同角度下的鸟粪闪络概率，如图4–25所示。典型鸟粪闪络过程如图4–26所示。

由图4–26可以看出，鸟粪平面与导线平面夹角越小，该角度下的临界闪络距离越长，且相同闪络距离下闪络概率变大。当位置关系为0°时，在所有闪络距离下均会发生闪络。这是因为鸟粪通道上端直接接地，在滴落在导线上后，相当于鸟粪直接连接高低压两端。当位置关系为 90° 时，闪络距离为 2 ～ 6cm 时，闪络概率为 100%；大于 10cm 时，闪络概率为 0；为 6 ～ 10cm 时，闪络概率随着闪络距离的增加而逐渐减小。30° 和 60° 位置情况下其临界闪络距离分别为 19cm 和 16cm，其中间距离变化规律与 90° 情况相似。

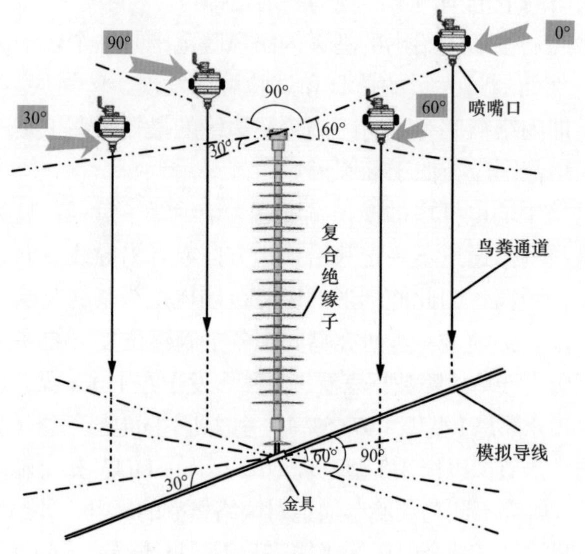

图 4–24 鸟粪通道与导线位置示意图

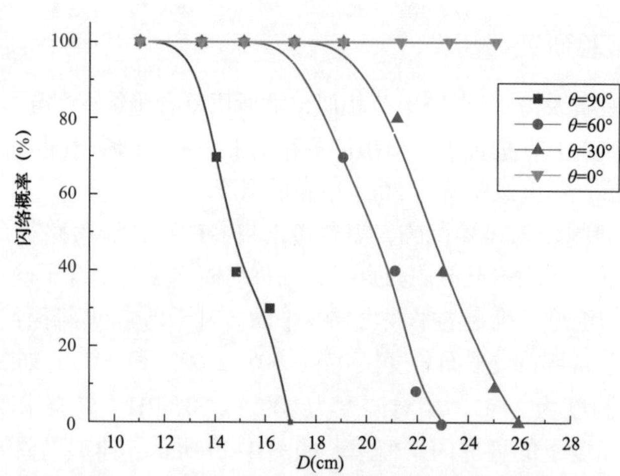

图 4–25 不同角度下鸟粪闪络概率

（a）　（b）　（c）　（d）

图 4-26　不同角度下鸟粪闪络过程图

（a）θ =0°；（b）θ =30°；（c）θ =60°；（d）θ =90°

鸟粪下端的空气间隙击穿电弧一般都是沿最短路径，鸟粪平面与导线平面越靠近，相同闪络距离下，鸟粪滴落通道距离导线的直线距离越近，因此发生闪络的概率也越高。由于金具和导线周围为稍不均匀电场，因此鸟粪通道距离导线的垂直距离与闪络概率也不呈明显的线性关系。

试验过程中，90° 位置下闪络的起弧点均从金具开始，30° 位置下近闪络距离的闪络起弧点也从金具开始，其余情况下则从导线开始。可以认为鸟粪闪络的电弧一般都沿最短路径击穿，尽管角度位置不同时临界闪络距离 D_{max} 也不同，但是最大击穿电弧长度相似。

因此对于 I 型复合绝缘子串鸟粪闪络的风险范围（即该范围下鸟粪滴落可能造成闪络）不是传统意义上以绝缘子悬挂点为中心的圆形区域，鸟粪平面与导线平面夹角越大，临界闪络距离 D_{max} 也会随之减小，故鸟粪风险范围应近似于以导线为长轴的椭圆区域。

由于试验中鸟粪通道与导线的位置仅设置有 4 个，所拟合得到的风险范围并不精确。此外试验中鸟粪滴落时，由于装置的振动，下落通道并非完全竖直，同时鸟粪通道下端的液滴可能存在分散，这会影响 θ 值相近的角度下试验结果的准确性。考虑仿真计算可以定量分析空间电场的变化情况，也能设置更精细的位置关系，因此进一步采用仿真手段确定 110kV 架空输电线路鸟粪闪络风险范围的大小与形状。

4.4.2 仿真研究

在 110kV 架空输电线路复合绝缘子的鸟粪闪络中，由于绝缘子结构长度较短（1.2m 左右），而能引起鸟粪闪络的鸟粪通道通常可到 1.5 ～ 2m，可以认为连续的鸟粪通道足够长时闪络一般为空气间隙击穿，不包含绝缘子的沿面闪络。因此，可以用鸟粪通道与高压金具间最短距离的平均场强来表征击穿是否发生。

空气间隙发生击穿时，电子崩发展速度约为 1.25×10^{7}cm/s，流注发展速度约 7×10^{7}cm/s，先导发展速度约为 10^{6} ～ 10^{7}cm/s。经估算，鸟粪闪络发生时空气间隙击穿时间为微秒级，在击穿前后鸟粪位移约为 40μm，相对于空间间隙长度可以忽略不计，故认为发生击穿瞬间时鸟粪是静止不动的。

根据前述分析，当鸟粪通道底端滴落至与导线相同的高度时，最可能发生闪络。考虑到均压环对电场分布的影响，闪络的时机可能会改变，但能够从电场的变化总结出来。

仿真结果表明无论鸟粪滴落至何位置，空间的最大场强点始终是鸟粪的底端。对于原系统来说，鸟粪的出现畸变了空间场强，这是导致高压端与鸟粪之间的空气间隙被击穿的根本原因。

各个位置和鸟粪长度下最大场强值如图 4–27 所示，近距离下（*D*=16cm）鸟粪离高压端均压环很近，故鸟粪滴落至均压环高度处有最大场强值；而当距离较远时（*D*=40cm），鸟粪距离高压端均压环和导线距离都较远，场强最大值出现的位置一般介于均压环与导线之间，没有明显的规律性。这可能是因为鸟粪通道与导线以及金具等形成了某种绝缘屏蔽，对其中的电场能产生一定的改善作用。

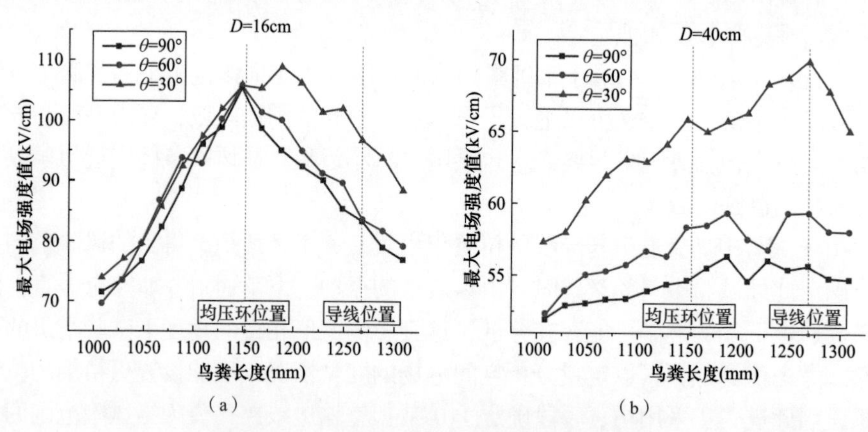

图 4–27 最大场强值随鸟粪长度变化趋势

（a）*D*=16cm 时最大场强值随鸟粪长度变化；（b）*D*=40cm 时最大场强值随鸟粪长度变化

图 4–28 给出不同鸟粪长度情况下，鸟粪底端与距离其最近的高压端之间气

隙的平均场强值。从图中可以发现无论何种情况下，最大平均场强值总是出现鸟粪底端与均压环或导线的水平处，这证实了试验得到的结论：电弧一般沿着最短路径水平击穿。从空间上来看，鸟粪闪络要么发生在鸟粪滴落至与导线水平处，要么发生在鸟粪滴落至与均压环水平处，具体取决于某个位置下最短路径的平均场强值是否足够大。

均压环的存在虽然均匀了高压端的电场，但也缩短了水平和竖直方向上的绝缘距离，因此对鸟粪闪络来说是不利影响。图 4-29 给出了各个角度下最易击穿路径上的平均电场模值。在鸟粪不同滴落方式下，总有鸟粪滴落至与均压环水平和与导线水平时，最短击穿路径上的平均场强值最大。

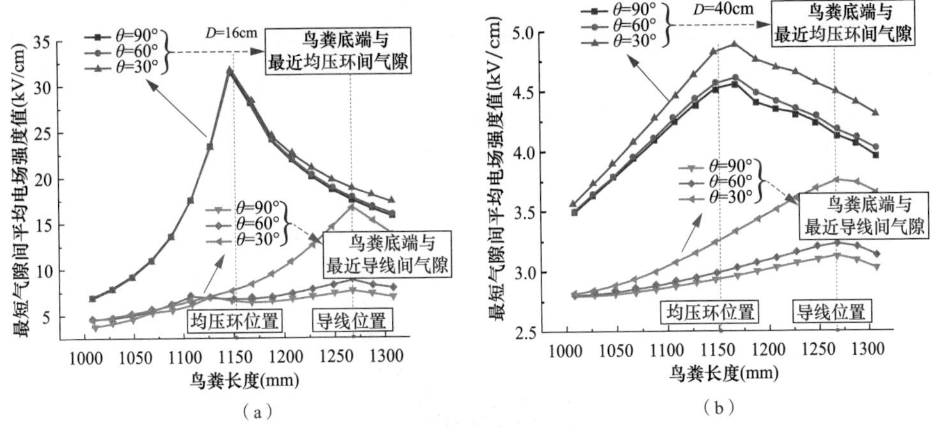

图 4-28　最短气隙平均场强值随鸟粪长度变化趋势

（a）D=16cm 时平均场强值随鸟粪长度变化；（b）D=40cm 时平均场强值随鸟粪长度变化

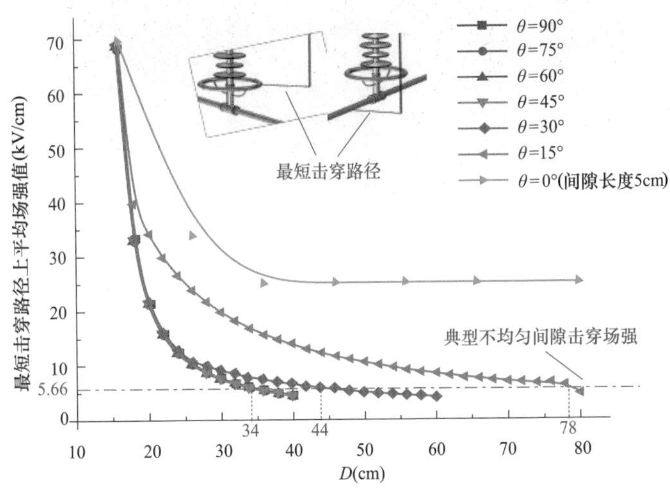

图 4-29　最短气隙平均场强值随鸟粪长度变化趋势

由图 4-29 可以看出，由于均压环的存在，在 θ 角较大时，鸟粪通道距离导线较远，滴落过程中均压环一直是距其最近的高压端，一般都从均压环起弧击穿。由于均压环为环状，故它们的临界闪络距离也相似。θ 及 D 值均较小时，鸟粪滴落过程中在离均压环足够近的瞬间，也会从均压环起弧击穿；D 值较大时，滴落过程鸟粪通道与均压环的距离也较远，之间的平均场强值不足以使间隙击穿，但随着鸟粪继续下落，鸟粪通道与导线之间的平均场强值可能使间隙击穿。因此不同角度下的临界闪络距离受均压环和导线的双重影响，呈现出 θ 角越小，临界闪络距离越大的趋势。

4.4.3 范围确定

110kV 架空输电线路 I 型复合绝缘子鸟粪闪络的风险范围可以根据不同 θ 下的临界闪络距离 D_{max} 拟合出，如图 4-30 所示。在图 4-30 中，当最短路径的平均电场强度大于 5.66kV/cm 时，闪络可能发生，并由此确定了风险范围。此外还绘制了平均电场强度分别为 11.32kV/cm 和 16.98kV/cm 的范围，这两个区域的闪络概率较高，但具体数值难以确定。图 4-31 中的风险范围考虑了横担的宽度，横担外区域不需要保护。不同塔型的横担宽度不同，这里取典型宽度值 1.2m。

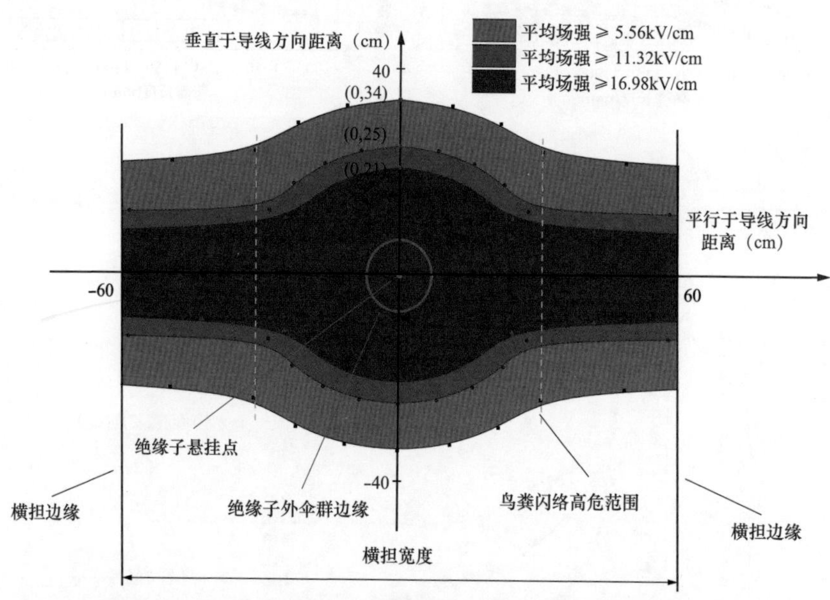

图 4-30　110kV 架空输电线路复合绝缘子鸟粪闪络风险范围

由图 4-30 可以看出，鸟粪闪络的风险范围以导线为轴的轴对称形状。上半部分的外轮廓类似于一个“飞碟”形状，中间部分是一个四分之一圆弧形，半径为 34cm，两边（用虚线分隔）近似为长方形，宽度为 20cm，长度由横担宽度决定。

鸟粪闪络风险范围呈现此形状的主要原因是：在圆弧部分，鸟粪与均压环的距离足够近，此时一般从均压环起弧；在矩形区域，当鸟粪滴落到与均压环水平位置时，鸟粪通道与均压环间空气间隙的平均电场强度较低，不足以发生击穿。当鸟粪继续滴落到与导线水平位置时，如果间隙平均场强足够大，闪络发生。由于鸟类可以在横担上的任何位置排泄，所以鸟粪通道的位置是任意的。因此，本节所得到的考虑鸟粪滴落位置的鸟粪闪络风险范围更加准确。

对于瓷或玻璃绝缘子来说，相同电压等级下，它们的结构长度要比复合绝缘子长，对鸟粪通道的连续长度要求更高。因此，即使在加装均压环的情况下，瓷或玻璃绝缘子的风险范围与复合绝缘子相近（稍小）。对于更高电压等级输电线路，鸟粪闪络的风险范围形状相同，但是范围更大。

根据研究得到的鸟粪闪络风险范围，可以优化一些防护类防鸟装置的设计。如将常规防鸟罩的罩面边缘设置挡板与引流槽，当鸟粪倾泻到罩面上时，因被挡板阻挡，只能沿着引流槽从与导线垂直处的槽口滴落，从而降低鸟粪闪络发生概率。再如可将防鸟挡板边缘设计成上翘型，且沿横担方向的边长可稍窄，对 110kV 架空输电线路而言，长度只要超过异面闪络临界距离的 34cm 即可，但沿导线方向的边长要保证覆盖住整个横担宽度，从而防止鸟粪从沿导线方向滴落。此外，鸟粪闪络风险范围也可以指导防鸟装置的安装布置，如在高闪络风险区域内密集安装防鸟刺、防鸟针板、防鸟盒等装置，而中、低闪络风险区域则可适量布置，从而在提高防鸟效果的同时节约防鸟资源。

⑤ 防鸟装置及差异化防治策略

架空输电线路防鸟装置的选择与使用是涉鸟故障防治的重要技术手段。本章首先对当前常见的几类防鸟装置类型进行介绍并评估其应用效果，通过对不同防鸟装置的优缺点和适用范围进行对比分析，可为架空输电线路运维单位提供涉鸟故障防治的技术参考。

架空输电线路涉鸟故障存在时间与空间上的差异性，相应的防治策略也应具有差异性和针对性。本章结合宁夏电网运行经验，重点介绍了划分不同等级防治区域、考虑疏堵结合的差异化防治策略。此外，为提高涉鸟故障防治的智能化和信息化水平，构建了以现场可视化监测为主要信息获取手段的智能化防鸟害预警系统，可在重要时段发布重点区域的涉鸟故障预警信息及防治方法。

5.1 典型防鸟装置及其应用

防鸟装置基于“占位”“封堵”和“疏导”等机理研制而成，目的是防止鸟类在架空输电线路附近活动而导致故障发生。

防鸟装置分为防护类、驱逐类和引导类三类。常见的防护类防鸟装置主要为防鸟刺、防鸟护套、防鸟拉线、防鸟盒、防鸟挡板、防鸟罩、防鸟针板和防鸟锥等；驱逐类防鸟装置主要为声光式、风车式驱鸟器；引导类防鸟装置主要为人工鸟巢和栖鸟架。各类防鸟装置实物如图 5–1 所示。目前，防护类装置是电力系统中应用最广泛也是应用数量最多的防鸟装置。

（a）

（b）

图 5–1　常见防鸟装置示例（一）

（a）防鸟刺；（b）防鸟护套

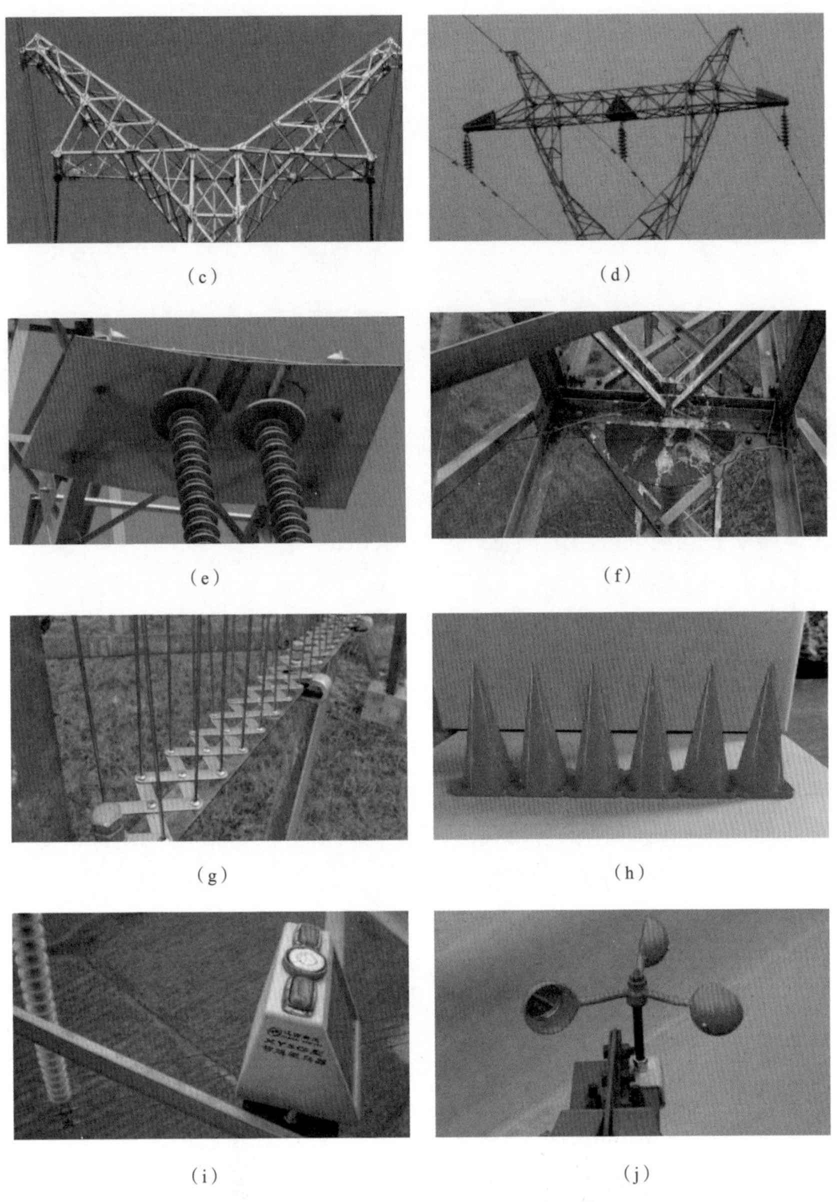

图 5–1　常见防鸟装置示例（二）

（c）防鸟拉线；（d）防鸟盒；（e）防鸟挡板；（f）防鸟罩；（g）防鸟针板；（h）防鸟锥；（i）声光式驱鸟器；（j）风车式驱鸟器

(k)

(l)

图 5-1　常见防鸟装置示例（三）
(k) 人工鸟巢；(l) 栖鸟架

5.1.1　防鸟刺

防鸟刺由多根针状金属丝组成，一端散开呈伞状，另一端在底部集中固定在杆塔上，是防止鸟类在杆塔上栖息、泄粪的制品。

5.1.1.1　技术参数

防鸟刺刺针分为直刺和弹簧刺两种，采用热镀锌钢或不锈钢材质。防鸟刺通常采用 L 型底座，L 型底座采用内外两片 L 型板材，用带孔螺栓并加装开口销、平垫和弹簧垫圈或采取双帽固定形式夹持在输电杆塔的角钢上。防鸟刺刺针与底座应采用压接联结，压接长度范围为 30 ～ 50mm，压接后刺针与底座联结部位应采取密封与防腐措施。防鸟刺刺针直径规格为 2.0、2.5、3.0mm，压接强度（刺针拉脱力）不小于 1kN，抗拉强度不小于 1310MPa，1% 伸长时的应力不小于 1140MPa，刺针头部一般呈尖锐状。

防鸟直刺的刺针可分为等长度和组合长度刺针，结构如图 5-2 所示，常见的防鸟直刺的尺寸规格如表 5-1 所示。

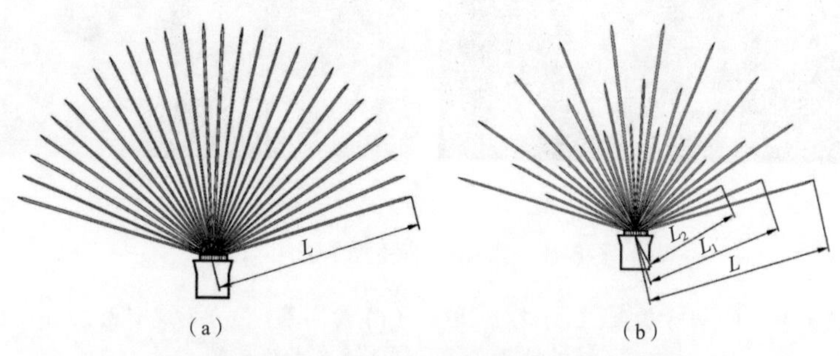

图 5-2　防鸟直刺刺针示意图
(a) 等长度刺针；(b) 组合长度刺针

表 5-1　　防鸟直刺尺寸规格

序号	刺针数量（根）	刺针直径（mm）	组合长度（mm）			等长度（mm）
			L_1	L_2	L_3	
1	25	2	200	300	400	500
2			300	400	500	
3			400	500	600	
4	36	2.5	300	400	500	600
5			400	500	600	
6			500	600	700	
7	45	3	400	500	600	700
8			500	600	700	
9			600	700	800	

防鸟弹簧刺刺针长度采用等长度形式，中间为弹簧绕圈，弹性须良好，90°弯折后能恢复原状，可有效阻止鸟类在杆塔处停留和活动。弹簧绕圈有等径和不等径两种类型，如图 5-3 所示。其中，等径弹簧刺的尺寸规格如表 5-2 所示，其弹簧圈之间间距宜不大于 10mm，弹簧丝长度占刺针总长度的比例不宜小于 30%；不等径弹簧圈之间间距不大于 5mm，半径最大处为 8mm，弹簧丝长度占刺针总长度的比例不宜小于 30%。

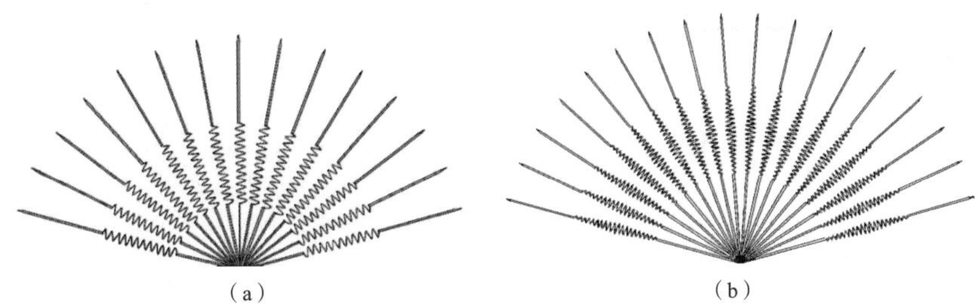

（a）　　　　（b）

图 5-3　防鸟弹簧刺刺针示意图

（a）等径弹簧绕圈刺针；（b）不等径弹簧绕圈刺针

表 5-2　　等径弹簧绕圈刺针尺寸规格

序号	刺针数量（根）	刺针直径（mm）	刺针长度（mm）
1	25	2.0	300 ～ 400
2	36	2.5	400 ～ 500

续表

序号	刺针数量（根）	刺针直径（mm）	刺针长度（mm）
3	45	3.0	500 ～ 600

防鸟刺的底座可分为固定式和旋转打开式，底座应采用镀锌冷拔钢材料，通过专业模具压制而成。其中，旋转打开式底座可旋转，使刺针散开至标准角度，并能实现刺针自锁，也可逆向旋转收拢刺针，十分便于安装和检修，旋转打开式底座防鸟刺结构如图 5–4 所示。

经过防鸟相关工作经验的积累，运维人员在防鸟直刺的基础上，改进刺针整体结构，研究出雨伞式防鸟刺，如图 5–5 所示。雨伞式防鸟刺安装后呈撑开伞状，鸟类停留后刺针更易晃动而失去平衡，能更好地实现对横担重点区域的防护。雨伞式防鸟刺刺针分为两层，其中上层长 450mm，下层长 250mm，长刺针可有效覆盖防护范围，短刺针可有效封堵长刺针下方空隙，更容易实现对横担的“占位”。旋转打开式底座防鸟刺及雨伞式防鸟刺实物如图 5–6 和图 5–7 所示。

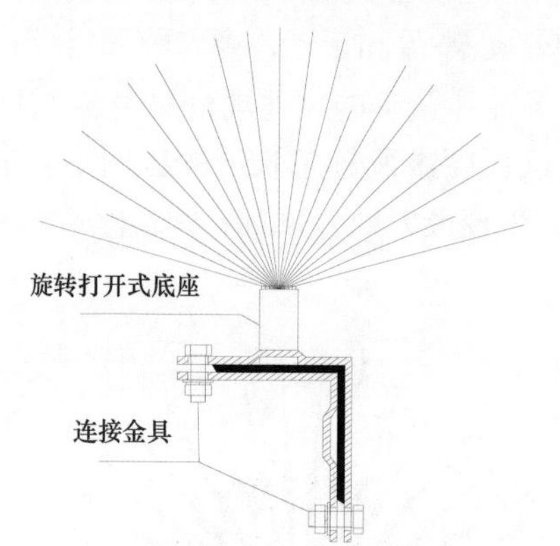

图 5–4　旋转打开式底座防鸟刺示意图

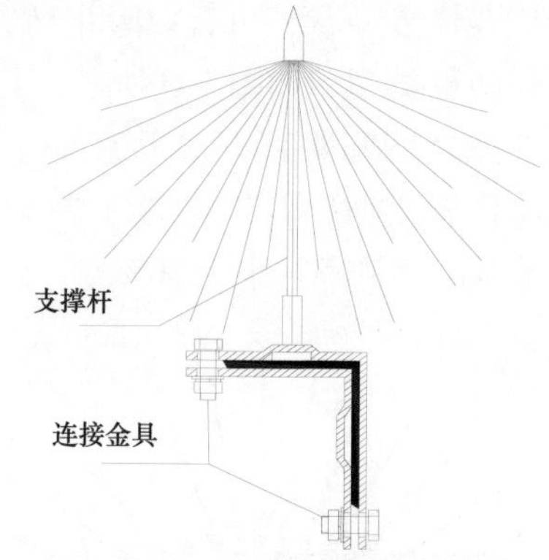

图 5–5　雨伞式防鸟刺示意图

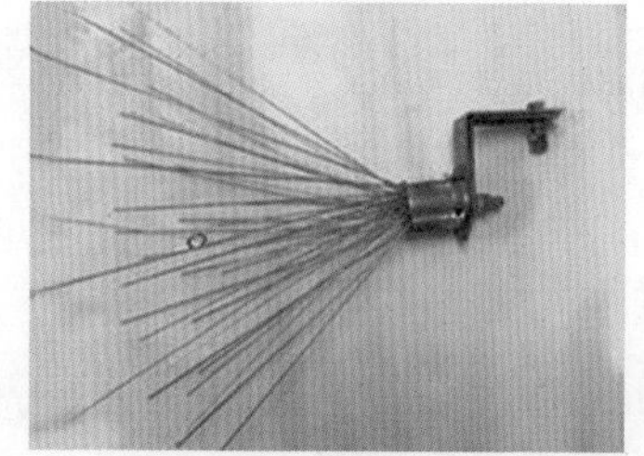
图 5–6　旋转打开式底座防鸟刺实物图

图 5–7　雨伞式防鸟刺实物图

在安装时，防鸟刺的数量应满足相应电压等级输电线路防护范围的要求，当横担沿线路方向较宽时，应在相应方向增加防鸟刺安装数量。对单回路线路中相横担，应在横担上下平面均安装防鸟刺，部分杆塔的防鸟刺安装示意如图 5-8 所示。此外，在导线横担上加装防鸟刺前，应校核防鸟刺与上方导线间的电气距离，以防止因电气距离不足引发的短路故障发生。

（a）　　（b）

（c）　　（d）

图 5-8　防鸟刺现场安装图

（a）中相横担上下平面安装防鸟刺；（b）边相宽横担安装防鸟刺；
（c）混凝土杆双横担安装防鸟刺；（d）混凝土杆单横担安装防鸟刺

5.1.1.2　应用效果

防鸟刺制作简单，安装方便，综合防鸟效果较好，是使用范围最广泛的一种防鸟装置。从 2015 年 4 月起，国网宁夏电力对 220、330kV 架空线路开展大面积防鸟刺补装工作，安装总量约为 10 万支，所有杆塔防鸟刺安装数量最少为 30 支，最多达到 50 支，且针对不同区段、不同区域均加装了防鸟刺，进一步加强了防鸟效果。

运行经验表明，防鸟刺可有效防止大型鸟类在绝缘子挂点上方栖息、筑巢等，但对小型鸟类的防范效果较差。这主要是因为小型鸟类所需的鸟巢较小，可借助防鸟刺之间的空隙进行筑巢，且所筑鸟巢具备更加良好的通风条件，稳定性更强。通过对历年发生的涉鸟故障进行分析，发现故障杆塔防鸟刺数量多不符合相关标准要求，且多数存在安装不规范问题，以致未能有效杜绝鸟类在杆塔重点部位栖息活动。

因此，防鸟刺主要适用 110 ～ 500kV 输电线路预防非小型鸟类引起的鸟粪类、鸟巢类故障；其防护能力与安装的规范程度有关，若安装位置、数量不规范，存在可供鸟类栖息筑巢的空隙就可能引发涉鸟故障；同时老式防鸟刺安装后不易收拢，将影响线路常规检修。

5.1.2 防鸟护套

防鸟护套为包裹绝缘子串高压端金具及其附近导线，防止鸟粪或鸟巢材料短接间隙引起闪络的绝缘护套，如图 5–9 所示。

图 5–9 防鸟护套示意图

5.2.2.1 技术参数

防鸟护套采用硅橡胶材料制成，材料性能需满足表 5–3 中的技术参数要求。防鸟护套制作时应整体一次注射完成，不应存在接头，表面应光洁、平整，不应有裂纹，为了便于现场安装，一般配备有安装搭扣或榫槽。防鸟护套所用黏结剂应具备与绝缘护套材料本身相同的性能，通常为室温硫化胶，要求 2h 表层凝固，24h 内全部凝固。

表 5–3 防鸟护套材料技术参数

序号	主要参数	数值
1	体积电阻率（Ω · m）	≥ 1.0×10^{12}
2	击穿场强（kV/mm）	≥ 24
3	硬度（ShoreA）	≥ 60
4	机械扯断强度（MPa）	≥ 4
5	扯断伸长率	≥ 200%
6	抗撕裂强度（kN · m）	≥ 10
7	耐磨性（g）	≤ 0.5
8	耐腐蚀性（5% 化学试剂，h）	≥ 72
9	可燃性（FV 级）	0
10	憎水性（HC）	HC1 ～ HC2

事实上，防鸟护套的厚度越厚，对鸟粪闪络的防治效果越好，通过研究分析不同厚度防鸟护套的效果，并综合考虑使用条件和经济性要素，不同电压等级的防鸟护套护壁厚度推荐值见表 5–4。

表 5–4　　防鸟护套护壁厚度

序号	电压等级（kV）	护壁厚度（mm）
1	110	4
2	220	6
3	330	8

防鸟护套主要在涉鸟故障严重区域进行安装，共有三种安装形式。

（1）在耐张杆塔引流线上加装，防鸟护套包覆所有导线及间隔棒，但是跳线串线夹及均压环等金具没有包覆。

（2）在中相悬垂串均压环上加装，防鸟护套包覆中相悬垂串均压环，均压环下方的金具及悬垂线夹不做包覆。

（3）在直线塔悬垂线夹两侧导线安装，安装长度一般 3 ～ 4m，个别杆塔对悬垂线夹进行整体包覆。典型耐张塔的防鸟护套安装如图 5–10 所示。

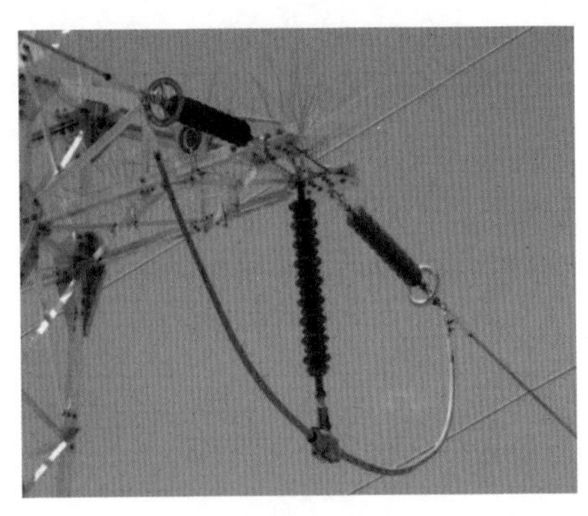

图 5–10　耐张塔防鸟护套现场安装图

5.2.2.2　应用效果

防鸟护套通过增强导线相间、相对地的绝缘强度，降低了架空输电线路由于鸟类活动发生闪络的可能性，防鸟效果稳定。一般需根据导线、金具形状、尺寸和电压等级设计定型，具有普适性，能满足长期运行要求。运行数据表明，在涉鸟故障风险等级为Ⅲ级区域规范加装防鸟护套后，基本未再发生涉鸟故障。

因此，防鸟护套适用于 110 ～ 330kV 输电线路预防鸟粪类、鸟巢类和鸟体短接类故障，具有比较稳定的防鸟效果，但其安装工艺要求高，安装不方便，造价相对较高，不利于检查被包裹住金具的状态。

5.1.3　防鸟拉线

防鸟拉线由镀锌钢绞线和专用金具组成，防鸟拉线由通过专用夹具和配套金具固定在地线支架的主材上，可有效防止大型鸟类在杆塔上方栖息，如图 5–11 所示。

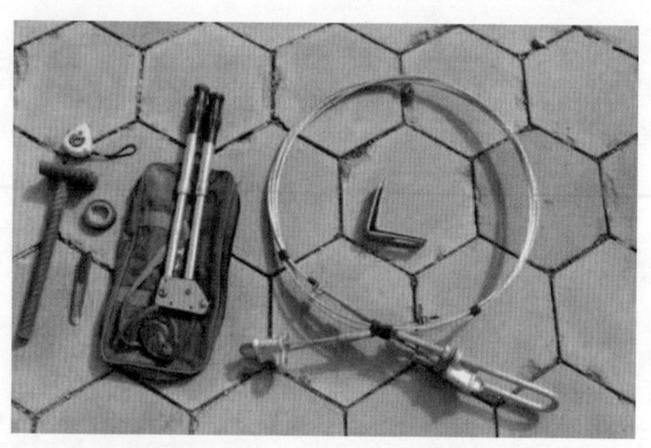

图 5-11　防鸟拉线示意图

5.1.3.1　技术参数

防鸟拉线的镀锌钢绞线选用 1×7-6.6-1270-B 型号镀锌钢绞线或截面相近的铝包钢绞线，专用金具应采用 Q235 钢材或不锈钢材料制作。采用 Q235 钢材制作时，应采用热镀锌处理，表面应光滑不得有锌渣、起皮、漏镀及锈蚀等现象。采用不锈钢制作时，表面不允许有裂纹、气泡、缩孔、重皮等缺陷。专用夹具的尺寸应根据安装塔材尺寸确定，镀锌钢绞线长度按两地线支架之间跨度在工厂一次制作成型，连接部分一般采用压接式金具或楔形线夹与专用夹具连接，一端可调，另一端不可调，便于安装和调整。

安装时，根据横担宽度确定防鸟拉线的安装数量，两根拉线间水平距离不宜大于 500mm，每基杆塔安装 2 ～ 3 根防鸟拉线，一般在单回路杆塔中相横担上方安装，距离横担上平面 300 ～ 500mm 处，现场安装情况如图 5-12 所示。

图 5-12　防鸟拉线现场安装图

5.1.3.2　应用效果

防鸟拉线主要用来防止大型鸟类在中横担上平面处停留栖息，对于大型鸟类防治效果明显。通过对近几年的涉鸟故障现场勘查，技术人员发现 220kV 及以上输电线路涉鸟故障主要因大量鸟粪短接电气间隙引起线路跳闸，且大多为大型鸟类肇事，而防鸟拉线在封堵线路横担方面效果比较明显，因此，宁夏电网 330kV 线路已加装了超过 450 套防鸟拉线，加装杆塔约占杆塔总量的 3%。

防鸟拉线可有效防止大型鸟类在杆塔上方栖息，保护范围大，适用于 110～500kV 输电线路预防鸟粪类故障。但其只能防护单回路杆塔中横担上平面，防鸟效果有局限性。

5.1.4 防鸟盒

防鸟盒是填充于架空输电线路绝缘子串上方杆塔构架，防止鸟类在杆塔构架内筑巢的盒状制品，如图 5-13 所示。

图 5-13 防鸟盒示意图

5.1.4.1 技术参数

防鸟盒宜采用不饱和聚酯加玻璃纤维增强的复合材料制成，材料性能需满足表 5-5 中的技术参数要求。在加工时，防鸟盒应采用模具一次成型，成型的防鸟盒应为各面密封严实的中空箱体，必要时箱体中间使用支撑物加固。防鸟盒表面应无裂纹、折痕、气泡、空洞、缝隙等缺陷，下平面应有排水孔且数量不少于 3 个，孔径 12～20mm，以防积水腐化。防鸟盒的形状、尺寸应与安装处的杆塔构架尺寸相符合，制作盒体板材的厚度应不小于 2mm。防鸟盒与横担不接触的一面宜采用斜面，斜面与水平面的角度需控制在 30° ～60° 。防鸟盒的形状及尺寸应依据实际要安装杆塔横担的尺寸决定，以确保防鸟盒能与横担紧密贴合。中相横担需采用两个三角形防鸟盒加装在绝缘子挂点正上方。杆塔横担沿导线方向宽度大于 1800mm 时，可采用 2 个防鸟盒并排封堵。

表 5-5　　防鸟盒材料技术参数

序号	主要参数	数值
1	拉伸强度（MPa）	≥ 60
2	冲击强度（kJ/m^2）	≥ 70
3	热分解温度（℃）	≥ 105
4	氙灯老化	氙灯老化试验后，拉伸强度和冲击强度不小于原值 80%

防鸟盒安装前应根据安装部位的横担结构尺寸设计定型，安装时应紧靠绝

缘子挂点，安装后应能有效封堵绝缘子挂点周边横担内的空间，并且与塔材接触面的空隙不应过大，满足相应电压等级要求的保护范围。安装后的防鸟盒如图5–14所示。

图 5–14　防鸟盒现场安装图

5.1.4.2　应用效果

防鸟盒可根据具体杆塔设计定型，使鸟巢较难搭建于封堵处，能有效阻挡鸟粪下泄，具有普适性，满足长期运行要求，但高电压等级架空输电线路所需防鸟盒尺寸较大，因此防鸟盒多适用于110～220kV输电线路预防鸟粪类、鸟巢类故障。防鸟盒制作要求高，尺寸不准确可能会导致空隙封堵不严、拆装不方便，影响检修作业。

5.1.5　防鸟挡板

防鸟挡板是固定于架空输电线路绝缘子串上方横担中，阻挡鸟粪在平板范围内下落的平板状制品，如图5–15所示。

图 5–15　防鸟挡板示意图

5.1.5.1　技术参数

防鸟挡板应选用高强度3240环氧树脂绝缘板或玻璃钢制作，必须保证整体强度高，具有优良的耐碱性、耐酸性和耐溶剂性，厚度一般不小于3mm，制作用的材料需满足表5–6中的技术参数要求。高强度3240环氧树脂绝缘板表面为深黄色、颜色必须均匀、无起皮、无表面刮伤及不脱层，不膨胀，不龟裂。

防鸟挡板外形尺寸按照横担宽度结构设计制作，防鸟挡板的宽度应超出横担宽度50mm，从而确保防鸟挡板能有效覆盖防护范围，提升防鸟效果。

表 5–6　　防鸟挡板材料技术参数

序号	性能	指标值	适合实验用的板材标称厚度
1	垂直层向弯曲强度（MPa）	≥ 340	≥ 1.6mm
2	表观弯曲弹性模量（MPa）	≥ 24000	≥ 1.6mm
3	垂直层向压缩强度（MPa）	≥ 350	≥ 5mm
4	平行层向冲击强度（简支梁法，kJ/m^2）	≥ 33	≥ 5mm
5	平行层向剪切强度（MPa）	≥ 30	≥ 5mm
6	拉伸强度（MPa）	≥ 300	≥ 1.6mm
7	浸水后绝缘电阻（Ω）	$\geq 5 \times 10^8$	全部
8	耐电痕化指数（PTI）	≥ 200	≥ 3mm
9	长期耐热性	≥ 130	≥ 3mm
10	密度（g/cm^3）	1.7 ～ 1.9	全部
11	吸水性（mg）	≤ 22	3mm

安装时，防鸟挡板与横担连接点一般不少于 4 处；当防鸟挡板沿横担方向大于 1600mm 时，每块挡板中部至少需增加连接点 2 处；板材靠近导线侧应略高，与水平面成 8° ～ 10° 倾斜角；板材板面应无凹陷；防鸟挡板的尺寸应满足相应电压等级要求的保护范围。防鸟挡板现场安装如图 5–16 所示。

图 5–16　防鸟挡板现场安装图

5.1.5.2　应用效果

防鸟挡板是现阶段仅次于防鸟刺应用规模的防鸟措施，通常与防鸟刺、防鸟护套等防鸟装置配合使用。防鸟挡板可大面积封堵宽横担，目前宁夏电网中约 20% 杆塔加装了防鸟挡板，可以有效防止鸟粪下落引起的闪络故障。

防鸟挡板适用于 110 ～ 330kV 输电线路预防鸟粪类故障。但防鸟挡板一般造价较高、拆装不方便，雨季时可能将平日积累的鸟粪大量冲刷下落造成绝缘子污闪跳闸。此外，为了避免防鸟挡板对绝缘子金具、芯棒等部件的磨损，也不适用于风速较高的地区。

5.1.6 防鸟罩

防鸟罩是安装在架空输电线路悬垂绝缘子串上方，阻挡鸟粪或鸟巢材料在其遮蔽范围内下落的圆盘形制品，按型式不同可分为一体式防鸟罩和对接式防鸟罩，如图 5–17 所示。

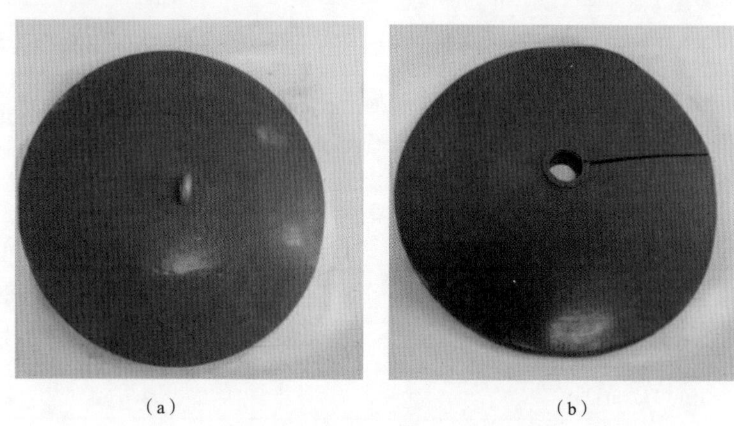

（a）　　　　（b）

图 5–17　防鸟罩示意图

（a）一体式防鸟罩；（b）对接式防鸟罩

5.1.6.1 技术参数

防鸟罩宜采用硅橡胶材料制成，材料性能需满足表 5–7 中的技术参数要求。

表 5–7　　防鸟罩硅橡胶材料技术参数要求

序号	技术参数	要求
1	体积电阻率（Ω·m）	≥ 1.0×10^{12}
2	表面电阻率（Ω·m）	≥ 1.0×10^{12}
3	击穿强度（kV/mm）	≥ 20
4	耐漏电起痕及电蚀损	TMA4.5 级及以上
5	憎水性	HC1 ～ HC2
6	抗撕裂强度（kN/m）	≥ 10
7	机械扯断强度（直角法，MPa）	≥ 4
8	拉断伸长率	≥ 150%
9	可燃性	FV–0 级

续表

序号	技术参数	要求
10	邵氏硬度（ShoraA）	≥ 50

防鸟罩罩面厚度应不小于4mm，采用中间高外侧低的斜面设计，与水平面的角度控制在10°～30° 。对接式防鸟罩罩面中心开孔处尺寸应保证与球头挂环契合，对接后缝隙不大于0.5mm，并加设橡胶类密封垫，其厚度不小于4mm。使用时，110kV架空输电线路防鸟罩伞罩直径推荐值为400mm，220kV为450mm。

安装时，对接式防鸟罩固定和连接方式应综合考虑防风、防冰和防积水等要求，与球头挂环连接部位应保证贴合紧密，并加设密封垫，不得发生松动；一体式防鸟罩安装时，连接金具应采用与原架空输电线路金具串一致的金具；防鸟罩安装过程中伞罩无损坏、无变形、无碰撞、表面光洁。

5.1.6.2 应用效果

在宁夏电网的110kV和220kV输电线路中，防鸟罩与防鸟刺等防护措施组合使用，能有效阻挡鸟粪下泄，取得了良好的防鸟效果。

防鸟罩适用于110～220kV输电线路预防鸟粪类故障。防鸟罩造价较高、可能积累鸟粪，雨季被大量冲刷下落可能造成绝缘子污闪跳闸。此外，为避免横风撕裂防鸟罩伞裙，不适用于风速较高的地区。

5.1.7 防鸟针板

防鸟针板是由固定于杆塔横担部位的底板和垂直于底板的多根金属针组成，防止鸟类停留或筑巢的制品。防鸟针板包括固定式防鸟针板和伸缩式防鸟针板，电网现阶段常采用伸缩式防鸟针板，其结构如图5–18所示。

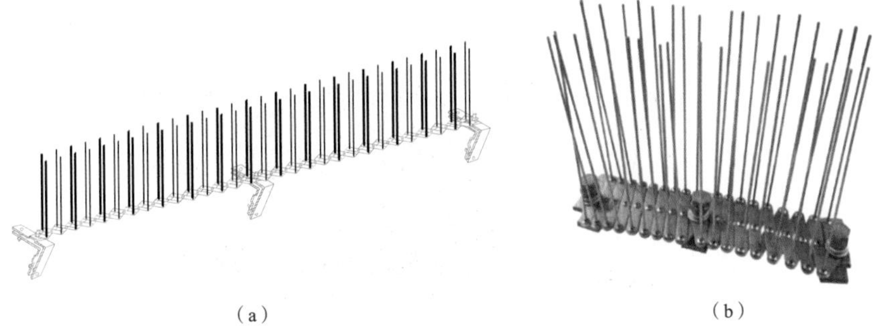

（a）　　　　　　　　（b）

图5–18　防鸟针板示意图

（a）结构图；（b）实物图

5.1.7.1 技术参数

防鸟针板的钢针和底板材质一般采用两种类型，一是热轧钢板并经热镀锌处理，二是 304 号不锈钢钢板。钢板、钢针和连接金具表面应光滑，无毛刺，无弯曲、不变形。底板的厚度一般为 2～3mm，钢针长度一般控制在 100～200mm，针与针的间隔为 30～50mm。不同塔型防鸟针板的长度和宽度，应根据铁塔横担尺寸具体确定。钢针应有足够的机械强度，1% 伸长时的应力应不小于 1140MPa，抗拉强度不小于 1310MPa。

伸缩式防鸟针板由钢针、钢针承载体和连接金具三部分组成，钢针采用铆接工艺固定在钢针承载体上，钢针承载体可进行伸长或缩短，并可进行拼接从而形成多排钢针。伸缩式防鸟针板每节应包含 20 片钢针承载体，包括 16 片双孔承载体和 4 片单孔承载体。钢针承载体一般采用厚度 1.3mm 的 304 不锈钢板制备，固定采用 L 型连接金具。

安装时，水平主材上用大小能够覆盖挂点及附近大联板的防鸟针板进行封堵，横担主材上根据主材宽度采用三排刺或双排刺防鸟针板，横担辅材上根据辅材宽度采用双排刺或单排刺防鸟针板，地线支架可结合杆塔型式安装防鸟针板。安装后的防鸟针板应有效防护绝缘子挂点、引流线上方周边塔材，不应留有空隙。

5.1.7.2 应用效果

伸缩式防鸟针板在宁夏电网中进行了较多应用，安装方便简单，可有效防止鸟类在杆塔处活动和筑巢。防鸟针板适用各种塔型、覆盖面积大，防鸟效果突出，适用于 110～500kV 输电线路预防鸟粪类、鸟巢类故障。但防鸟针板造价较高，拆装不便，容易异物搭粘。

5.1.8 防鸟锥

防鸟锥是安装于横担上方，用于填补其他防鸟装置间的空隙，防止鸟类栖息、筑巢的锥状制品，由锥体和内置强力磁铁组成，如图 5-19 所示。

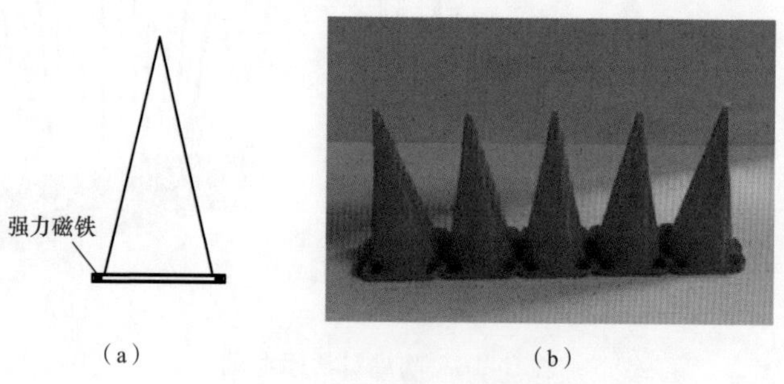

图 5-19 防鸟锥示意图
（a）结构图；（b）实物图

5.1.8.1　技术参数

防鸟锥锥体采用高性能聚合物一次注塑成型，锥体的高度为 200mm，底座为 70mm 的正方形，一侧留有插接孔，锥体材料性能需满足表 5-8 中的技术参数要求。底座四个角上内置 4 颗圆柱形强力磁铁，磁铁直径不小于 10mm，用于与铁塔塔身吸附连接，磁铁宜采用热压钕铁硼永磁材料制作而成。

表 5-8　　防鸟锥锥体材料技术参数

序号	项目	要求
1	拉伸强度（MPa）	>29.0
2	冲击强度（简支梁缺口，kJ/m^2）	>1.0
3	耐热性℃	热分解温度不小于 105
4	老化特性	氙灯老化试验后，拉伸强度和冲击强度不小于原值的 80%

安装前，应仔细检查磁铁状态是否正常；在安装过程中，锥体无损坏、无变形、无碰撞、表面光洁；安装后，防鸟锥的安装应能有效封堵两防鸟刺底座之间的空隙，相邻防鸟锥应连接到位。防鸟锥现场安装情况如图 5-20 所示。

图 5-20　防鸟锥现场安装图

5.1.8.2　应用效果

防鸟锥是近几年宁夏电网新使用的一种防鸟装置，常搭配防鸟刺使用，可有效填充防鸟刺底座间的空隙，从而达到了较好的防护效果。主要用于封堵防鸟刺底座间的空隙，强化“占位”效果，适用于各个电压等级输电线路预防鸟巢类、鸟粪类故障。

5.1.9 驱鸟器

驱鸟器是安装在架空输电线路杆塔上，通过发出声波、光波驱赶鸟类，防止其在杆塔上停留的装置。常见的驱鸟器有声光式驱鸟器、风车式驱鸟器等，如图5-21所示。

（a）

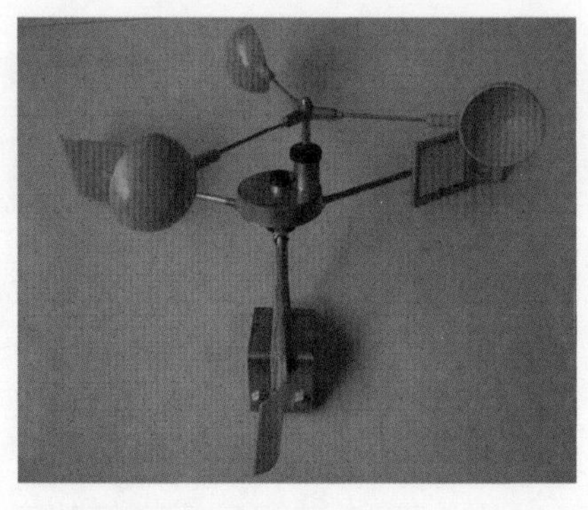

（b）

图 5-21 驱鸟器示意图
（a）电子式驱鸟器；（b）风车式驱鸟器

5.1.9.1 技术参数

架空输电线路用电子式驱鸟器主要有超声波驱鸟器、语音驱鸟器、高压电子脉冲电击驱鸟器、电容放电空爆驱鸟器和强光驱鸟器等，其中激光驱鸟器和超声波驱鸟器应用较多。电子式驱鸟器应具有工作自检和故障指示等功能；能在强电磁环境下正常工作；外壳防护等级符合 IP65 标准。电子式驱鸟器应具备可靠的电源系统，可采用太阳能或导线取能等方式，电源系统平均无故障工作时间应不低于 100000h，且应有备用电源，续航时间应不小于 60h。激光驱鸟器激光波长应为 532nm，超声波驱鸟器发声频率范围应为 15 ～ 30kHz。

风车式驱鸟器中，白天反射的光必须颜色鲜明，对鸟类产生较为明显的刺激作用；用于晚上发光的光片在黑暗环境中，10m 外应能被肉眼轻松发现。光片应贴合牢靠，固定加持零件的材质为铝合金或不锈钢，风车叶片的材质为高分子材料。

安装时，驱鸟器安装在杆塔横担上，应根据驱鸟器的保护范围和安装位置合理确定安装数量，满足相应电压等级要求的保护范围，安装后不影响线路的电气安全及机械强度，不影响线路的正常运行。安装驱鸟器时应采用专用夹具，专用夹具使用 4.8 级 M16×40 镀锌螺栓连接紧固，紧固螺栓应采取可靠的防松措施。太阳能电池板受光面应面向正南，板面应呈 30° 左右下倾，确定最优安装位置，充分利用场地条件，按无遮挡原则选择安装位置，安装角度的选取应考虑纬度、积雪、风力等因素对太阳能组件的影响，安装后应检查驱鸟器工作是否正常。

5.1.9.2 应用效果

宁夏地区自 2012 年起开始在输电线路上加装驱鸟器，共加装风车式驱鸟器约 3000 套，智能声波（光）驱鸟器 339 套。驱鸟器一般在涉鸟故障严重区域加装，风车式驱鸟器每基杆塔在绝缘子挂点附近加装 3 支；智能声波（光）驱鸟器每基杆塔加装 1 套，一般在涉鸟故障高风险区域间隔 2 ～ 3 基加装一套。

驱鸟器在架空输电线路中应用较广，单个驱鸟装置的保护范围较大，适用于预防输电线路鸟巢类、鸟粪类、鸟体短接类和鸟啄类故障。驱鸟器属电子类产品，电子产品在恶劣环境下长期运行使用寿命不能得到保障，故障后需依靠设备供应商进行维修。随着使用时间增多，鸟类会对驱鸟器产生适应性，驱鸟效果会逐渐下降，一般运行寿命较短。

5.1.10 人工鸟巢

人工鸟巢是搭建在远离架空输电线路带电部位，来引导鸟类栖息的巢状制品，一般结构如图 5-22 所示。

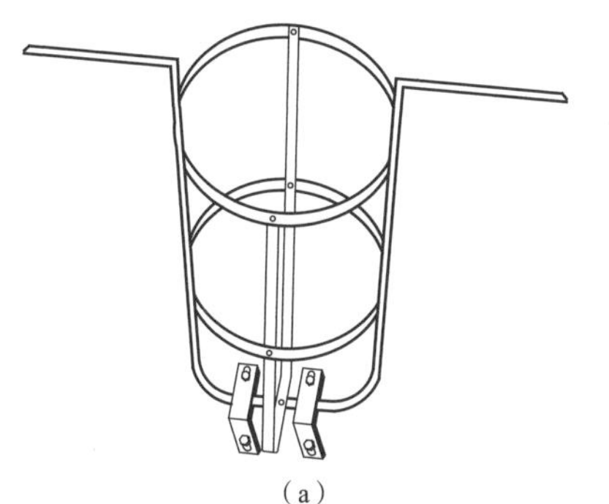

（a）

（b）

图 5-22 人工鸟巢示意图

（a）结构图；（b）实物图

5.1.10.1 技术参数

人工鸟巢由鸟巢、固定卡具、连接螺栓、落鸟架组成，鸟巢材质宜为藤条，固定夹具、连接螺栓、落鸟架材质为镀锌钢。

安装时，人工鸟巢应设置在塔身或架空输电线路导线安全距离以外位置，便于鸟类停留栖息且不影响架空输电线路安全运行，通常采用专用夹具安装牢固，紧固螺栓需采取可靠的防松措施；人工鸟巢若安装在横担上平面主材上，应避开导线正上方，安装高度适宜，并且应低于地线高度，保证足够的电气安全距离。

5.1.10.2 应用效果

人工鸟巢环保性较好，能更好地维护生态多样性，主要用于地势开阔且周围少高点的输电杆塔，适用于预防架空输电线路鸟巢类、鸟粪类故障。但人工鸟巢引鸟效果不稳定。

5.1.11 各类防鸟装置对比

综上所述，各类防鸟装置有各自的优势和不足，因此，在实际使用过程中，输电线路运维人员应结合实际需要，综合考虑各类因素，有针对性地选择和安装合适的防鸟装置，并选择单一或组合使用。各类防鸟装置性能及特点如表 5-9 所示。

表 5-9　　典型防鸟装置性能及特点

装置分类	装置名称	优势	不足	适用涉鸟故障类别
防护类	防鸟刺	制作简单，安装方便，综合防鸟效果较好	不带收放功能的防鸟刺会影响常规检修工作，小鸟会依托防鸟刺筑巢	鸟粪类、鸟巢类
	防鸟护套	增加了绝缘强度，有一定的防鸟粪效果	安装工艺复杂，一般需停电安装；造价高；被包裹的金具检查不方便	鸟粪类、鸟巢类和鸟体短接类
	防鸟拉线	有效防止大鸟在杆塔上方栖息，保护范围大，安装方便，造价低	只能防护单回路杆塔中横担上平面，防鸟效果有局限性	鸟粪类
	防鸟盒	使鸟巢较难搭建于封堵处，且能阻挡鸟粪下泄	制作尺寸不准确可能导致封堵空隙，拆装不方便；影响检修作业	鸟粪类、鸟巢类
	防鸟挡板	可大面积封堵宽横担，有效阻挡鸟粪下泄	造价较高；拆装不方便，可能积累鸟粪，雨季造成绝缘子污染，不适用于风速较高的地区	鸟粪类
	防鸟罩	安全方便，能有效阻挡鸟粪下泄	造价较高、可能积累鸟粪，雨季造成绝缘子污染、不适用于风速较高的地区	鸟粪类
	防鸟针板	适用各种塔型、覆盖面积大，防鸟效果突出	造价较高、拆装不便、容易异物搭粘	鸟粪类、鸟巢类
	防鸟锥	封堵防鸟刺间的空隙，强化“占位”的效果	需搭配防鸟刺等防鸟装置组合使用	鸟巢类

续表

装置分类	装置名称	优势	不足	适用涉鸟故障类别
驱逐类	驱鸟器	安装方便，使用初期防鸟效果好	易损坏，维修不便，鸟类具有适应性	鸟巢类、鸟粪类、鸟体短接类和鸟啄类
引导类	人工鸟巢	安装方便，环保性好	引鸟效果不稳定	鸟巢类、鸟粪类

5.2 涉鸟故障差异化防治策略

5.2.1 差异化防治目的

涉鸟故障因输电线路所处环境不同而具有不同特点。对运维单位而言，采取千篇一律的防鸟措施或不恰当的防鸟措施不仅达不到理想的涉鸟故障防治效果，还会浪费人力物力资源，甚至可能导致一系列严重后果。

针对不同地理环境中的不同电压等级架空输电线路，采取差异化防鸟措施是保证涉鸟故障防治技术经济性的重要举措，它的目的主要体现在以下几个方面。

（1）有效防范不同鸟类活动导致的涉鸟故障。受地理环境、时间等因素影响，不同鸟类的活动范围、周期以及生活习性均不相同，相应区域的架空输电线路所面临的涉鸟故障风险也不相同。通过制订差异化防治策略，选用不同类型和参数的防鸟装置，制订恰当的防鸟巡视周期，明确防治重点事项，从而保证防鸟装置应用和防鸟巡视达到预期效果，避免防护不足或防护过度的问题发生。

（2）充分发挥防鸟装置应用效果。防鸟装置种类繁多，且各有防护侧重点，因此不同的防鸟装置具有不同的应用场景。防鸟装置选用不当，如在大风区域选用了防鸟罩或防鸟挡板、在长腿大鸟频繁活动区域选用了短刺针的防鸟刺、防鸟刺和防鸟锥安装数量不足等，不仅使得防鸟装置的应用效果受限，还可能带来异物外破风险。通过制订差异化防治策略，明确各类型防鸟装置的优缺点和适用场景，正确选用防鸟装置，能最大程度发挥防鸟装置应用效果。

（3）有效节约公共资源。通过制订差异化防治策略，进一步规范各类防鸟装置选型配置，能有效节约物力资源；按照架空输电线路所面临的涉鸟故障风险不同，制订不同的防鸟巡视和特巡驱鸟计划，实现巡视资源的优化配置，能有效节约人力资源；通过进行鸟类活动观测及记录，制（修）订涉鸟故障风险分布图，实现新建、改（扩）建线路防鸟设计有图可依，提升架空输电线路本质安全水平，降低线路涉鸟故障跳闸率，能有效节约运维检修资源。

为提升架空输电线路涉鸟故障防治水平，减少涉鸟故障跳闸损失，除从防鸟装置制造、安装工艺水平、选型配置等方面进行优化外，更应考虑不同地理环境、不同电压等级架空输电线路所面临的不同涉鸟故障风险，从而制订具有明显差异性的防治策略，并强化监督执行，最终达到涉鸟故障防治技术经济性最优化目的。

5.2.2 风险等级划分

（1）划分原则。涉鸟故障风险等级根据鸟类分布、人类干扰度、地理环境和运行经验等因素确定，从高到低可将鸟粪类、鸟体短接类、鸟巢类和鸟啄类故障风险分为Ⅲ级、Ⅱ级和Ⅰ级，并据此确定涉鸟故障防治重点区域、次重点区域和一般区域。具体划分原则如表5–10和表5–11所示。

表5–10　鸟粪类、鸟体短接类故障防治区域划分原则

防治区域等级	风险等级	划分原则
重点区域	Ⅲ级	（1）近5年内发生3次及以上该类故障的区域（杆塔周边6km范围内）； （2）杆塔周边6km范围内区域，大型鸟类或种群规模较大的鸟类活跃区域（1年内该区域统计到大型鸟类或种群规模较大活动5次以上）； （3）处于候鸟迁徙通道内的河流、水库、湿地、海洋等水域周边6km范围内
次重点区域	Ⅱ级	（1）近5年内发生3次以下该类故障的区域（杆塔周边6km范围内）； （2）杆塔周边6km范围内区域，大型鸟类活动较少（1年内该区域统计到大型鸟类活动5次及以下）区域； （3）树木较稀疏、人类活动较少的河流、水库、湿地、海洋等水域周边6km范围； （4）发现有主要涉鸟故障鸟种活动的区域
一般区域	Ⅰ级	（1）未发生该类故障的区域； （2）人类活动频繁，森林覆盖较好，不处于鸟类迁徙通道内； （3）河流、水库、湿地、海洋等水域周边6km范围外； （4）未发现主要涉鸟故障鸟种活动的区域

注　1. 为提高涉鸟故障防治管理力度及效果，可适当提高划分原则中的年限要求。以宁夏为例，其将Ⅱ级、Ⅲ级划分原则中第（1）条的涉鸟故障统计年限范围确定为近10年。

2. 鸟类活跃区域可以根据杆塔或绝缘子上鸟粪痕迹、鸟类羽毛等作为统计依据。

表 5–11　　鸟巢类、鸟啄类故障防治区域划分原则

防治区域等级	风险等级	划分原则
重点区域	Ⅲ级	（1）近 5 年内发生该类故障的杆塔周边 3km 范围内区域； （2）发现鸟巢较多或鸟啄现象的杆塔周边 3km 范围内区域； （3）主要涉鸟故障鸟种活动的农田、草原、戈壁、湿地等周边 3km 范围内区域
次重点区域	Ⅱ级	（1）近 5 年内发生该类故障的杆塔周边 3 ～ 6km 的区域； （2）发现鸟巢较多或鸟啄现象的杆塔周边 3 ～ 6km 的区域； （3）树木较稀疏，人类活动较少区域； （4）主要涉鸟故障鸟种活动的农田、草原、戈壁、湿地等周边 3 ～ 6km 的区域
一般区域	Ⅰ级	（1）未发生该类故障的区域； （2）杆塔上未发现鸟巢或未发现复合绝缘子有鸟啄痕迹； （3）非农田区域和森林覆盖较好的区域； （4）未发现主要涉鸟故障鸟种活动的区域

注　各省可根据各自区域特点适当进行划分原则调整（以运行经验为主）。

（2）划分结果。以宁夏为例，根据近 10 年发生的涉鸟故障跳闸情况，按上述原则划分宁夏 5 地市的涉鸟故障防治重点区域如下。

1）石嘴山市　重点区域：平罗县高庄乡、平罗县城关镇、惠农区燕子墩乡、大武口区星海镇。

石嘴山市是宁夏电网涉鸟故障防治重点区域分布最广的地区，其重点区域为沙湖变电站、镇朔变电站（沙湖区域周边 30km）—平西变电站、城关变电站（大面积湿地、水稻田区域内）—兰山变电站、惠农变电站、靖安变电站（大面积水稻田、鱼塘区域）沿线区域、星海湖（周边 30km 区域）以及永乐变电站黄河湿地附近线路。

2）银川市　重点区域：贺兰县洪广镇、永宁县杨和街道、永宁县杨和乡、永宁县望远镇。

银川市涉鸟故障防治重点区域为李俊变电站（大量湖泊、湿地区域）、掌政变电站（鸣翠湖周边 30km）—月牙湖变电站（清水湖、福家湖等区域）沿线、金凤变电站—芦花变电站和西夏变电站（大面积农田、湖泊区域）周边区域线路。

3）吴忠市　重点区域：红寺堡区太阳山镇。

吴忠市涉鸟故障防治重点区域为贺兰山变电站—大坝电厂（部分湿地区域）周边区域线路。

4）中卫市　重点区域：沙坡头区迎水桥镇、中宁县恩和镇、中宁县鸣沙镇。

中卫市涉鸟故障防治重点区域为宁安变电站、中卫变电站—迎水桥变电站（腾格里湖、马场湖周边 30km）周边区域线路。

5）固原市　重点区域：原州区黄铎堡镇。

固原市涉鸟故障防治重点区域为三营变电站（寺口子等多个水库区域）、清水河变电站（东至河等水库区域）以及固原变电站周边区域线路。

5.2.3　防治技术原则

涉鸟故障差异化防治策略应根据涉鸟故障风险分布图、历史涉鸟故障及运行经验制定。通过收集相关运行资料，划分架空输电线路涉鸟故障防治重点区域、次重点区域和一般区域，并配置符合技术要求、数量合理的防鸟装置。当架空输电线路周边鸟类分布、地理环境发生变化时，应结合运行经验对涉鸟故障风险等级及其防治措施进行相应调整。

涉鸟故障差异化防治宜采取疏堵结合方式，并根据不同地区的鸟类活动情况，坚持因地制宜的原则；应结合实际需要，考虑不同防鸟措施的优势与不足；还应考虑涉鸟故障防治的生态经济效益，满足保护生物多样性，促进电网与鸟类和谐共生的实质需求。

不同电压等级的杆塔横担防护宽度不同，110、220 、330、500kV 悬垂绝缘子的鸟粪闪络基本防护范围可按绝缘子串型确定。V 型绝缘子串和 I 型绝缘子串的杆塔鸟粪闪络防护宽度 L 示意如图 5–23 所示。

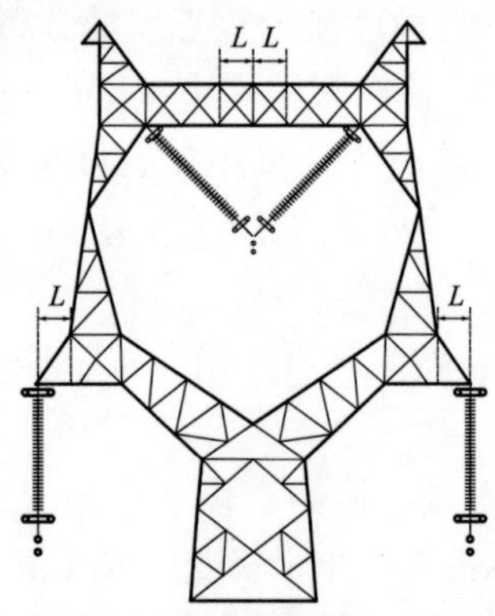

图 5- 23　杆塔鸟粪闪络防护宽度 L 示意图

架空输电线路杆塔横担防护宽度应综合考虑线路运行的可靠性要求和建设成本，基于疏堵结合、安全、经济和合理的原则进行确定，对应的防鸟装置防护半径应满足横担防护宽度要求。结合科学研究及相关运行经验，推荐杆塔鸟粪闪络

防护宽度 L 最小值（防鸟装置应满足的最小防护半径）如表 5-12 所示。

表 5-12　　输电杆塔鸟粪闪络防护宽度推荐最小值

电压等级（kV）	导线排列方式	防护宽度（m）
110	水平（包括三角）、垂直排列	0.6
	三角横担水泥杆	0.3
220	水平（包括三角）、垂直排列	0.8
330	水平（包括三角）、垂直排列	1.2
±400	水平	3.5
500	水平（包括三角）、垂直排列	1.4

注　1. 本表适用于防鸟刺、防鸟挡板、防鸟盒、防鸟针板的防护半径。

2. 表格数据适用于海拔 1000m 及以下地区，海拔高度在 1000m 以上时应适当增加防护半径（根据 GB 50545 进行修正）。

3.V 串结构形式可适当增加防护宽度。

4. ±400kV 防护宽度只适用于位于平均海拔高度 3500m 的 ±400kV 柴拉直流输变电工程的架空输电线路。

5. 对水平排列的边相导线，根据本书第 4 章研究结论，防护宽度可沿横担方向稍窄，沿导向方向稍长（呈椭圆形）。

5.2.4　综合防治策略

综合分析各项防鸟措施和近年来架空线路运维经验，单一措施难以有效防止涉鸟故障发生。为更好防治涉鸟故障，组合使用防鸟装置的差异化涉鸟故障综合防治策略优势突出。该策略针对涉鸟故障防治的重点区域、次重点区域、一般区域、特殊区域以及“干”字型耐张塔、小型鸟类频繁活动区域提出采用差异化防鸟装置并辅以相应的人防措施以达到防范涉鸟故障的目的。以下分别进行介绍。

5.2.4.1　重点区域

（1）根据地区和不同鸟类活动情况的差异，坚持因地制宜的原则，结合实际需要，考虑不同防鸟措施的优势与不足，安装有效的防鸟装置，重点区域应组合使用。

（2）对重点区域杆塔，要逐基开展专项排查，对使用寿命、防鸟效能等情况进行评价，针对性制订补强措施并实施。

（3）结合重点区域线路通道鸟类活动情况及运行经验确定重要防护时段，针对性制订巡视计划。对故障高发时段，巡视发现杆塔有大型鸟类栖息，应核查杆塔防鸟装置的有效性，必要时采取人工驱鸟措施。

（4）重点区域杆塔以安装防鸟刺配合使用防鸟挡板、防鸟护套、防鸟罩为主要防鸟措施，其他防鸟措施作为补充；防鸟装置的选型应因地制宜，结合线路状况及运行经验合理确定；对安装的老式防鸟刺要逐步进行更换，防鸟挡板安装要可靠牢固，且安装后定期开展检查，防止发生防鸟挡板磨损复合绝缘子芯棒、脱落的现象。

（5）重点区域内 330、220kV 线路和 110kV 重要输电通道线路每基杆塔应结合实际情况选用新型防鸟刺，组合使用防鸟装置，且安装数量、安装位置必须满足要求，同时满足各电压等级杆塔防护范围要求，防护范围内导线、金具、均压环也应防护到位。

（6）结合实际，动态更新涉鸟故障防治重点区域范围。综合考虑鸟类种类和活动区域变化、涉鸟故障跳闸以及大型水利工程等其他因素，动态调整涉鸟故障防治区域，做到区域调整依据充分，划分合理、准确。

5.2.4.2 次重点区域

（1）次重点区域杆塔以安装新型防鸟刺为主，其他防鸟装置作为补充；防鸟装置的选型应因地制宜，结合线路状况及运行经验合理确定；对安装的老式防鸟刺要逐步进行更换。

（2）新型防鸟刺的安装数量、安装位置必须满足要求，同时满足各电压等级杆塔防护范围要求，防护范围内导线、金具、均压环也应防护到位。

（3）综合考虑鸟类种类和活动区域变化、涉鸟故障跳闸以及大型水利工程等其他因素，动态调整涉鸟故障防治区域，做到区域调整依据充分，划分合理、准确。

5.2.4.3 一般区域

（1）一般区域杆塔以安装新型防鸟刺为主要防护措施，逐步更换老式防鸟刺。

（2）综合考虑鸟类种类和活动区域变化、涉鸟故障跳闸以及大型水利工程等其他因素，动态调整涉鸟故障防治区域，做到区域调整依据充分，划分合理、准确。

5.2.4.4 特殊区域

（1）水源区域。对湖泊、水塘、湿地以及黄河周围 6km 范围内的架空输电线路而言，体型较大的鸟更易于在杆塔上方栖息，防鸟刺选型不当会失去对大型鸟的防范作用。此时，应在原有防鸟装置基础上，增加防鸟拉线（在地线两端支架间安装 2 ～ 3 根拉线）等措施。

（2）大风区域。在风电场附近 6km 范围内，不宜采用防鸟罩和防鸟挡板等防鸟装置。

（3）候鸟迁徙通道区域。在候鸟迁徙通道 6km 范围内，每年 4 月、10 月和 11 月的凌晨 4：00 ～ 8：00，开展防涉鸟故障特巡驱鸟，一旦特巡发现鸟类在塔上夜间栖息，立即采取人工驱鸟等措施进行驱离。

5.2.4.5 “干”字型耐张塔

“干”字型耐张塔中相一般采用专用角钢（圆钢）牵引引流线形式，当鸟类在横担或地线上排便时，易引发鸟粪短接引流线（引流角钢）与地线从而造成输电线路跳闸。对此，应采取以下措施加强防范。

（1）按照标准要求在中相引流线上方横担处安装足够数量的防鸟刺。

（2）在防鸟刺底座间隙处安装足够数量的防鸟锥。

（3）对采用单挂点形式的中相横担，将其改造为双挂点，去除引流角钢（圆钢），并对引流线加装足够长度的防鸟护套。

图 5–24　防鸟裹刺

（4）对中相引流线上方的地线安装如图 5–24 所示的防鸟裹刺，防止鸟类在地线或地线防振锤处活动。

5.2.4.6 小型鸟类频繁活动区域涉鸟故障防护

相较于大型鸟类，小型鸟体型较小，活动更为敏捷，能够在杆塔空隙间甚至防鸟装置空隙间自由穿梭，更易引起涉鸟故障。针对小型鸟类造成的涉鸟故障主要通过补强现有的防鸟措施来防治，尤其要强化防鸟刺的安装要求。主要的防治策略如下。

（1）针对防鸟刺安装数量不足、安装位置不规范问题，应严格按照《110 ～ 330kV 输电线路防鸟装置安装及验收作业指导书》要求（详见附录 B），根据塔型及电压等级不同补装足够数量的防鸟刺，且应采用防鸟刺 + 防鸟锥的组合形式有效封堵防鸟刺底座空隙。

（2）安装防鸟刺时宜根据当地小型鸟类种类及活动情况，选择组合长度防鸟刺。

（3）因电气间隙不足或位置限制不能安装防鸟刺时，应安装防鸟针板进行防护，推荐使用伸缩式防鸟针板。防鸟针板宽度应根据需安装针板位置塔材（或组合塔材）的宽度来确定。对耐张杆塔耐张串金具未能通过防鸟刺有效防护时，应安装防鸟针板。

（4）对处于涉鸟故障Ⅱ级、Ⅲ级风险区域的输电杆塔，除组合采用防鸟刺+防鸟锥的措施外，还应选择加装防鸟护套或防鸟挡板。

（5）严格按照相关管理要求定期开展涉鸟故障隐患排查，并针对排查结果及时进行标准化治理。

5.2.5 智能化应用

为提高涉鸟故障防治的智能化、信息化水平，配合架空输电线路可视化监测智能终端，按照前述所制定的涉鸟故障综合防治策略，可搭建省级防鸟害预警系统（平台），以在关键时间节点发布涉鸟故障防治措施和重点注意事项，达到预报预警作用；同时可在每年涉鸟故障高发季节前根据重点区域防治措施开展针对性评估，对不满足要求的区域及时完善防护措施，从而指导各运维单位有效开展涉鸟故障防治工作。

防鸟害预警系统根据不同电网结构、涉鸟故障特点及运维管理经验进行开发，是针对性指导各单位有效开展涉鸟故障防治工作的专业系统，其收录的基础资料应包括本地区水系分布、绿地分布、鸟类资源分布、候鸟迁徙通道与周期、涉鸟故障风险等级、涉鸟故障跳闸分布、涉鸟故障防治策略等。其能达到的主要功能包括以下几点：

（1）收录本地区涉鸟故障防治评估结果，确保预警准确；

（2）在关键时间节点发布预警；

（3）对涉鸟故障高发地区实施有效预警，缓冲范围为6km（或更大）；

（4）发布不同地区的涉鸟故障风险等级；

（5）针对风险等级，结合地域特点提出合理的防治措施；

（6）数据库更新功能，每年补充最新的涉鸟故障跳闸数据，从而预测次年可能发生涉鸟故障的时间和地点。

宁夏在涉鸟故障智能化防治方面处于国内领先水平，已于2017年开发出省级防鸟害预警系统。该预警系统通过SQL Server数据库储存宁夏涉鸟故障数据以及制图基础数据，并通过ArcGIS Desktop进行制图，在分析得出预警图后通过ArcGIS Server发布服务，最后通过网页端对服务进行调用，并同时通过网页端和SQL Server数据库进行数据交互。其主要服务框架如图5-25所示。

通过输入本地网页localhost：86可以登录到本机的防鸟害预警系统中，其登录界面如图5-26所示，右下角可点击杆塔数据查询。

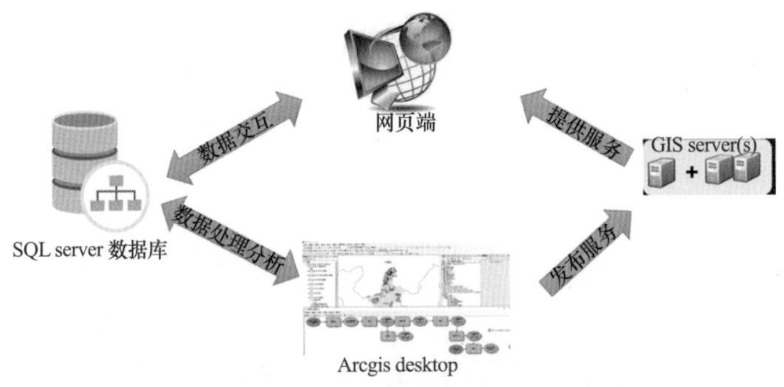

图 5–25　防鸟害预警系统框架

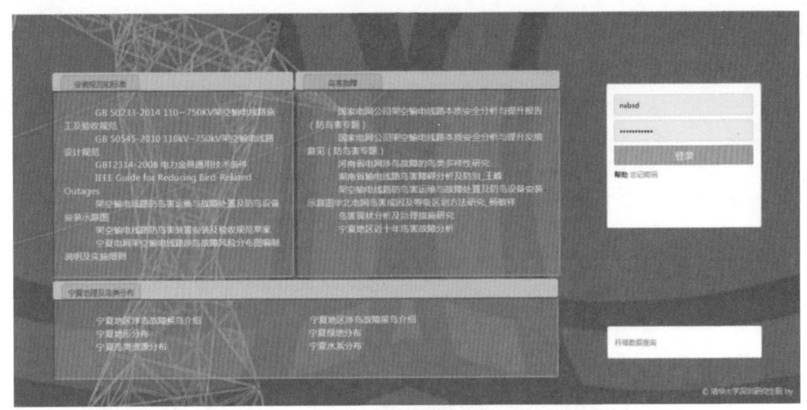

图 5–26　宁夏地区防鸟害预警系统登录界面

登入防鸟害预警系统之后显示界面为宁夏地理基础信息，如图 5–27 所示。

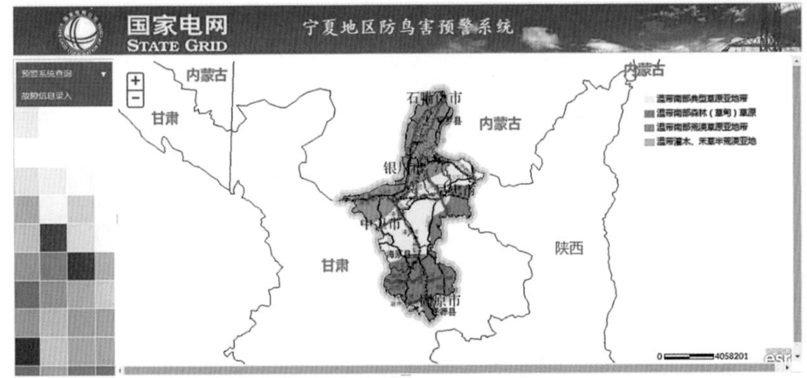

图 5–27　宁夏地理基础信息

根据鸟类活动月份不同，得到的涉鸟故障风险分布区域也不相同。因此，为使涉鸟故障预报预警更为准确，通过总结分析近10年来宁夏电网涉鸟故障的时间分布特征，对不同月份的涉鸟故障风险进行定级并提供查询和预警，如图5-28所示。

宁夏开发出的电网防鸟害预警系统，可在关键时间节点发布预警，结合涉鸟故障风险等级，给出合理的防护措施，实现了涉鸟故障风险评估、预警、差异化防治策略“一键生成”功能。

宁夏作为中国重要的候鸟迁徙通道之一，大量的鸟类活动对电网带来了严峻考验，宁夏电网人遵循架空输电线路鸟类活动规律原则，因地制宜开展创新研究工作，一改传统架空输电线路上的驱鸟方式，“疏”“堵”结合，采用引鸟、留鸟的方式，实施生态护鸟，实现了保障电网运行安全的同时保护鸟类生命安全和生存环境，促使两者和谐共生。

图5-28　查询不同月份的架空输电线路涉鸟故障风险分布图

⑥ 涉鸟故障防治全过程管理

涉鸟故障防治不仅需要科学、合理、有效的技术水平支撑，更需要以人为主、主动参与的全过程管理，从而达到技防和人防共同作用的目的。各架空线路运维单位应建立起完整的涉鸟故障防治组织体系，形成以设备主人为核心，属地责任人、护线员、信息员共同参与、设备主体责任单位进行考核管理体系，切实保障涉鸟故障防治各项措施落到实处。

6.1 鸟类活动观测及记录

开展鸟类活动观测及记录是了解涉鸟故障鸟类资源分布及涉鸟故障跳闸时空特点，从而有针对性开展涉鸟故障防治运维的基础。通过对架空输电线路涉鸟故障防治重点区域开展实地调查及观测，对威胁线路安全运行的鸟种分布、杆塔筑巢情况、停落栖息鸟类种类及种群密度进行观测及记录，可为架空输电线路涉鸟故障风险等级分布图的绘制、涉鸟故障运维管理提供基础信息及决策支持。对涉鸟故障防治次重点区域和一般区域，各运维单位应结合实际情况制定鸟类观测周期，一旦发现有异常鸟类活动，要及时做好鸟类活动观测及记录并做好后续跟踪。

鸟类活动观测及记录工作应结合日常巡视和特殊巡视共同开展，各运维单位应配置好望远镜、照相机、GPS 定位仪等观测及记录设备，并按照一定原则建立架空输电线路鸟类活动相关信息台账。鸟类活动相关信息除应按照附录 A 所示的鸟类活动观测及记录表进行详细记录外，为方便汇总整理，建议增加如表 6–1 所示的鸟类观测记录统计表。

架空线路运维单位应在每年涉鸟故障高发期对鸟类活动频繁地区安排特巡，并加强对鸟类种群及活动规律的观察，积累运行经验；在鸟类筑巢季节组织开展鸟巢类故障易发区段特殊巡视，重点观测鸟类筑巢情况；在鸟类迁徙季节，组织开展鸟粪闪络类故障易发区段特殊巡视，重点观测线路通道附近大型鸟类活动及绝缘子受鸟粪污染情况。此外，应定期检查涉鸟故障区杆塔绝缘子积粪情况，必要时对鸟粪进行成分测试。当外部自然环境发生改变时，鸟类活动情况也会出现相应变化，如鸟类活动痕迹明显减少，对应的记录也要有所体现，并将其作为动态调整涉鸟故障风险分布图绘制和相应防鸟措施变更的依据。

表 6–1　　　　　　　　　　鸟类活动观测记录统计表

序号	所属公司	线路名称	电压等级（kV）	杆塔号	经度	纬度	海拔高度	周边环境	隐患类型	发现时间	疑似鸟种	照片	备注
1													
⋮													

注　1. 周边环境包括：农田、河流、湖泊、水库、森林、草原、湿地、油料作物区、鸟类迁徙通道、其他。

2. 隐患类型包括：发现鸟巢、发现绝缘子鸟啄、发现大鸟活动、发现绝缘子鸟粪污染、发现鸟粪、鸟羽痕迹。

6.2　涉鸟故障风险分布图应用

涉鸟故障风险分布图是进行防鸟装置运维管理的指导性工具，其绘制和发布由国家电网有限公司统一安排并定期修订，具有较高的准确性和权威性。它的应用主要体现在以下三个方面：

（1）对新、改（扩）建线路，应严格按照涉鸟故障风险分布图进行差异化设计，相关运维单位要严把审图和验收关，并根据制订的防鸟策略逐基配置防鸟装置并落实到位。

（2）对现有线路，应严格按照涉鸟故障风险分布图落实相关防鸟措施，如对涉鸟故障防治重点区域采取防鸟刺、防鸟挡板、防鸟护套、防鸟罩组合使用方式，对不满足要求的线路区段及时整改，包括对存在缺陷或故障的防鸟装置进行更换，补充新的防鸟装置等，并在线路投运（恢复送电）前安装到位。

（3）对鸟类活动或线路环境发生变化，但涉鸟故障风险分布图暂未修订的，要根据实际情况调整相关线路杆塔的防鸟措施，并将相应变化记录在册，定期上报本省电科院。

6.3 防鸟装置质量管控

6.3.1 制定技术规范

在按照涉鸟故障风险分布图及综合防治策略确定好输电线路所应安装的防鸟装置后，运维单位应严格按照相关要求采购符合标准及实际情况的防鸟装置。采购前，应严格制定相应防鸟装置的技术规范书，重点要对技术要求响应表进行确定并审核。

6.3.2 产品到货验收

各运维单位要严把防鸟装置产品质量关，制定详细的设备验收管理流程、规范并严格执行，对不符合要求的防鸟装置一律禁止入网。对防鸟装置到货后验收要求如下：

（1）检查外包装标记是否清楚、正确，如生产厂家名称、产品名称、数量、制造或出厂日期以及其他必需的信息等。

（2）检查外包装是否完好，有无损坏、变形、浸渍、受潮等情况，部件与包装清单是否一致。

（3）检查资料是否齐全，如图纸资料、试验报告、安装说明书和产品检验合格证等。

（4）检查产品表面有无残损、锈蚀、变形等情况，如为电子产品，工作状态是否正常。

（5）检查产品的规格、型号和数量是否与技术规范和供货合同一致，必要时，可进行抽样试验。

6.3.3 安装及安装后验收

防鸟装置的安装质量决定了其能否起到应有的防护效果，尤其如防鸟挡板等面积较大的防鸟装置，一旦因安装质量不佳导致脱落还会引起架空输电线路异物跳闸等次生灾害。因此，各运维单位在保证防鸟装置产品质量的同时，还应严把安装验收关。

各类防鸟装置安装前，应校核安全距离，其配件应齐全、完好；可安装在杆塔、导、地线和绝缘子等部位；防鸟装置的安装数量、安装位置应满足各电压等级防护范围的要求，防护范围内导线、金具、均压环等也应防护到位；安装后，防鸟装置应保持稳定，不应破损、变形、松动、脱落。下面依次对几种常用的防鸟装置安装要求进行介绍。

（1）防鸟刺。①杆塔横担采用箱梁式结构时，应在横担上、下平面均安装防鸟刺；②地线支架可结合杆塔型式安装防鸟刺；③特殊条件下，可考虑防鸟刺倒置安装（或安装雨伞式防鸟刺）；④安装后，刺针应完全打开，打开扇面角度不小于 150°，打开后相邻刺针顶端之间的间隙不大于 100mm；⑤旋转打开式底座防鸟刺安装后底座应能良好工作，可实现自锁，刺针打开后均匀散开；⑥雨伞式防鸟刺安装后，刺针应完全打开为两层，上层为短刺针，下层为长刺针。相邻两个防鸟刺下层刺针顶端之间不应有空隙，保证完全封住塔材。防鸟刺典型安装示意如图 6–1 所示。

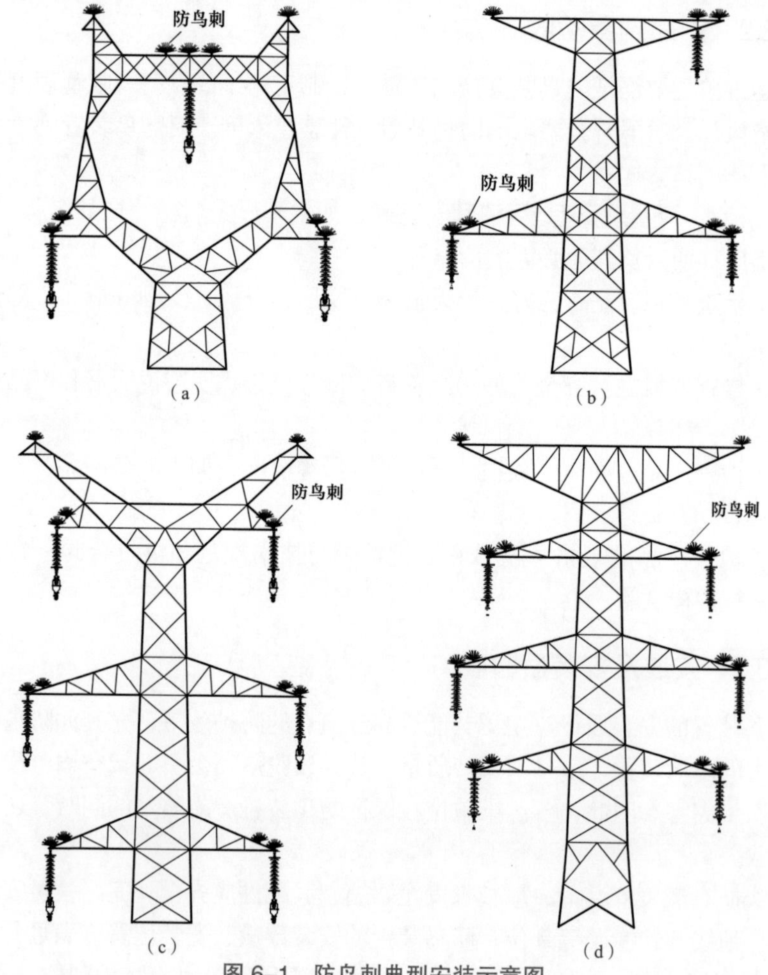

图 6–1　防鸟刺典型安装示意图

（a）单回路直线塔；（b）单回路耐张塔；（c）双回路直线塔；（d）双回路耐张塔

（2）防鸟护套。①安装前，应确认被包覆的所有线夹、连接金具、导线等状态完好，若有异常必须恢复正常后方可安装；②安装时，应采用整根安装，不应有接头，密封口朝下，护套底部和端部均应用常温硫化胶密封良好；③耐张杆塔安装时，引流线及间隔棒均应全部包覆；④安装后，防鸟护套应和线夹、连接金具、导线等包覆紧密，导线端金具均应包覆。防鸟护套典型安装示意如图 6-2 所示。

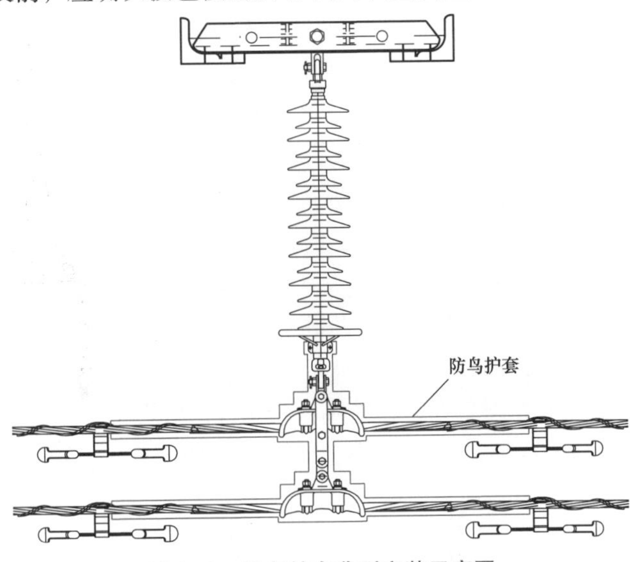

图 6-2　防鸟护套典型安装示意图

（3）防鸟拉线。①防鸟拉线应安装在地线支架上，根据横担宽度确定防鸟拉线的安装数量，两根拉线间水平距离不宜大于 500mm，每基杆塔安装 2 ～ 3 根防鸟拉线；②防鸟拉线安装在距离横担上平面 300 ～ 500mm 处；③安装时，通过可调金具调节拉线使其张紧，拉线张力不宜过大；④拉线安装应平直，没有明显弧度。防鸟拉线典型安装示意如图 6-3 所示。

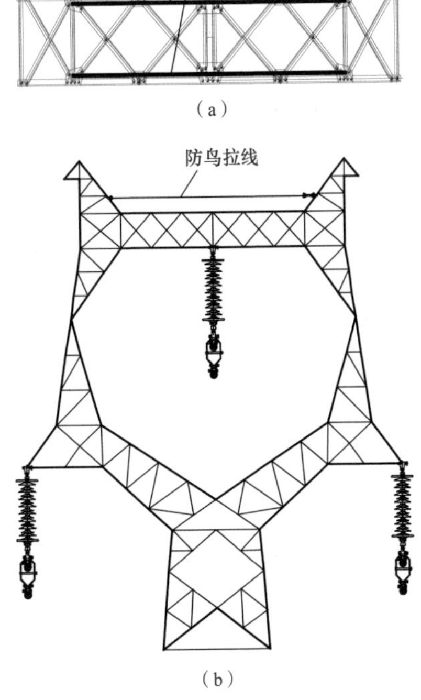

图 6-3　防鸟拉线典型安装示意图
（a）俯视图；（b）主视图

（4）防鸟盒。①防鸟盒与杆塔的连接点应不少于 4 处；②对于中相横担，在挂点正上方至少安装 2 个侧面紧贴的防鸟盒。杆塔横担顺线路宽度大于 1800mm 时，可采用 2 个防鸟盒顺线路方向并排封堵；③防鸟盒安装应能有效封堵绝缘子挂点周边横担内的空间，不应留有明显封堵空隙。对因绝缘子串上方拉杆、螺栓等部件使防鸟盒封堵不严的情况，应根据具体塔型在防鸟盒上开槽

（孔），保证不留空隙；④对于中相绝缘子上方存在交叉角钢的 220kV 单回路直线塔，中相宜选用开槽防鸟盒，使中相交叉角钢嵌入。防鸟盒典型安装示意如图 6–4 所示。

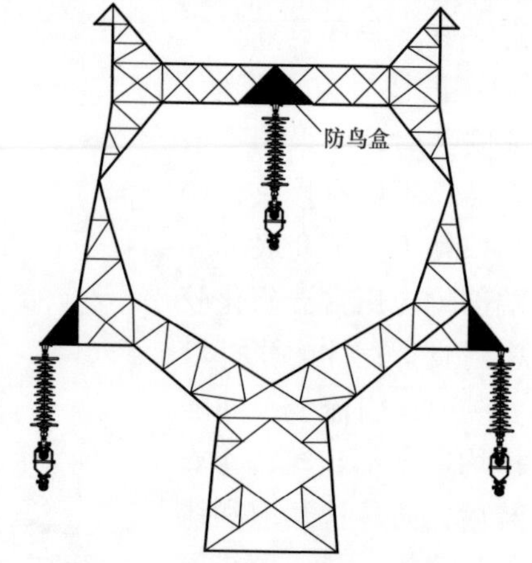

图 6–4　防鸟盒典型安装示意图

（5）防鸟挡板。①防鸟挡板与横担连接点应不少于 4 处，当防鸟挡板顺横担方向大于 1600mm 时，每块挡板中部应至少增加连接点 2 处；②防鸟挡板固定和连接方式应综合考虑防风、防冰和防积水等要求，挡板靠近导线侧应略高，与水平面成 8° ～ 10° 倾斜角；③防鸟挡板板面应无凹陷。防鸟挡板典型安装示意如图 6–5 所示。

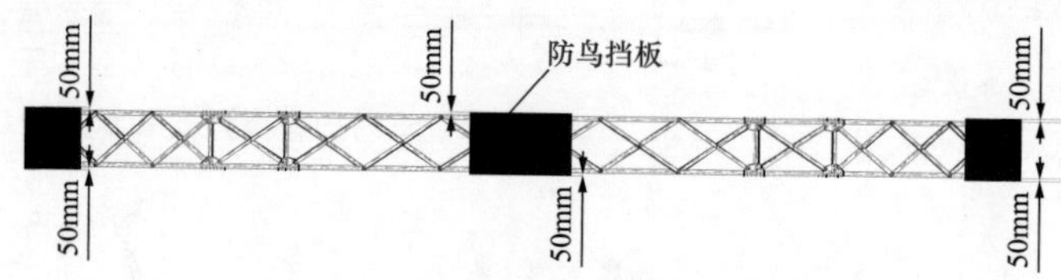

图 6–5　防鸟挡板典型安装示意图

（6）防鸟罩。①对接式防鸟罩固定和连接方式应综合考虑防风、防冰和防积水等要求，与球头挂环连接部位应保证贴合紧密，并加设密封垫，不得发生松动；②防鸟罩安装过程中伞罩无损坏、无变形、无碰撞、表面光洁。防鸟罩典型安装示意如图 6–6 所示。

（7）防鸟针板。①防鸟针板安装应根据塔材宽度采用单排、双排或三排针板，现场拆装方便，便于检修作业；②杆塔横担采用箱梁式结构，应在横担上、下平面均安装防鸟针板；③地线支架可结合杆塔形式安装防鸟针板；④防鸟针板安装应有效防护绝缘子挂点、引流线上方周边塔材，不应留有空隙。防鸟针板典型安装示意如图 6–7 所示。

（8）驱鸟器。①安装前应检查驱鸟器，逐个调试确认各项功能正常后，方可上塔安装；②自带太阳能电池板的驱鸟器，其受光面应面向正南，确保无遮挡，板面应成 30° 左右下倾；③自取电驱鸟器安装用的导线夹具应拧紧，电流互感器模块上下部分应对正。

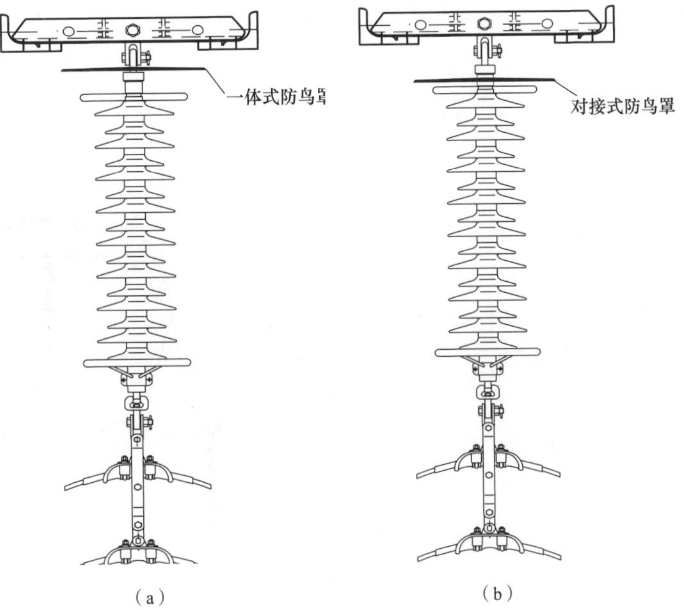

图 6-6　防鸟罩典型安装示意图

（a）一体式防鸟罩；（b）对接式防鸟罩

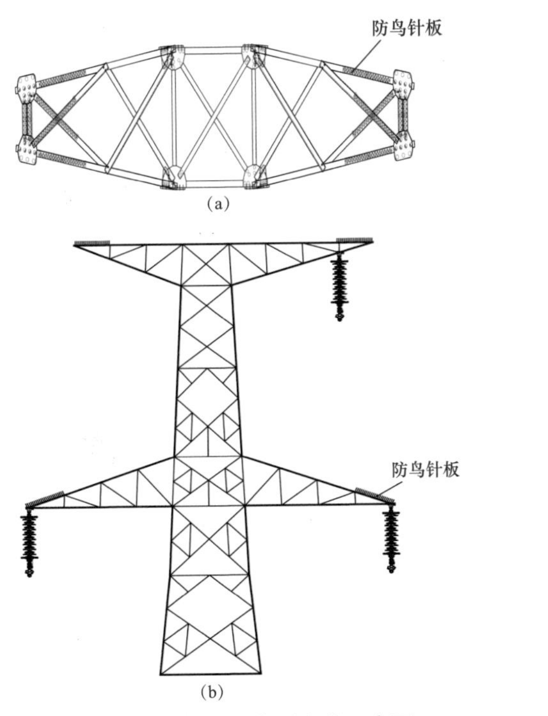

图 6-7　防鸟针板典型安装示意图

（a）俯视图；（b）主视图

（9）人工鸟巢。①人工鸟巢应设置在塔身或架空输电线路边相导线安全距离以外，便于鸟类停留栖息且不影响架空输电线路安全运行；②人工鸟巢若安装在横担上平面主材上，应避开导线正上方，安装高度适宜，应低于地线高度；③人工鸟巢安装应不影响带电、停电检修作业。

（10）防鸟锥。①防鸟锥安装应能有效封堵两防鸟刺底座之间的空隙；②防鸟锥安装过程中锥体无损坏、无变形、无碰撞、表面光洁。防鸟锥典型安装示意如图 6–8 所示。

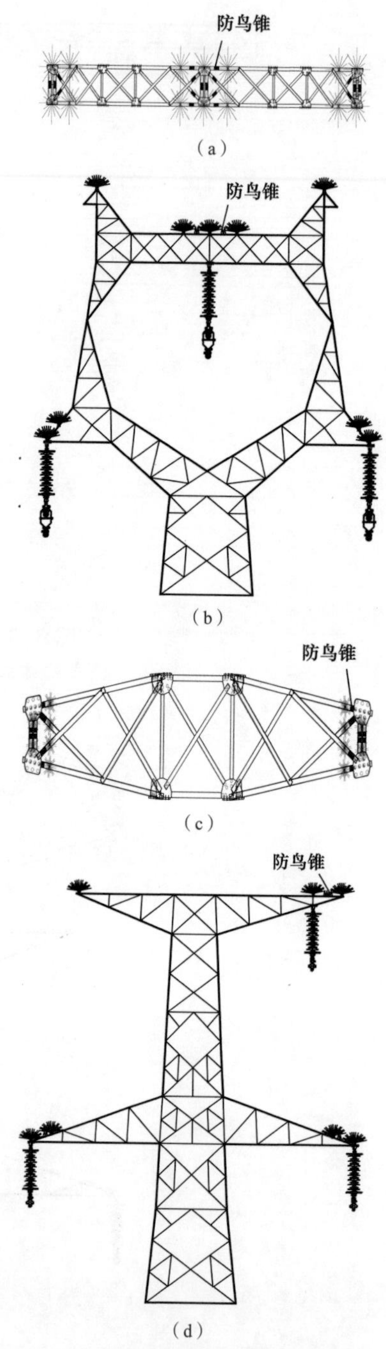

图 6–8　防鸟锥典型安装示意图

（a）直线塔俯视图；（b）直线塔主视图；（c）耐张塔俯视图；（d）耐张塔主视图

对防鸟装置安装后验收的通用检查要求为：检查安装是否牢固；检查螺栓及防松措施是否紧固；检查安装位置是否正确；检查安装数量是否达到要求；检查外观是否有残损或变形；检查防护范围是否满足要求。下面依次对几种常用的防鸟装置安装后验收要求进行介绍。

（1）防鸟刺。检查刺针长度是否适宜，检查打开角度是否足够，检查刺针间距是否满足要求，检查与带电体之间的电气距离是否充足。

（2）防鸟护套。检查是否有接头，检查金具、导线、均压环等是否完全包覆，检查密封口朝向是否向下，检查端部及密封口是否密封良好。

（3）防鸟拉线。检查拉线是否张紧，检查安装高度是否适当，检查拉线间距是否合理。

（4）防鸟盒。检查连接点数量是否充足，检查排水孔是否正常排水，检查封堵是否严密，检查盒与盒是否紧贴。

（5）防鸟挡板。检查挡板宽度是否足够，检查厚度和倾斜角度是否满足要求，检查连接点数量是否充足，检查有无凹陷。

（6）防鸟罩。检查连接部位是否贴合紧密，检查密封垫是否安装到位，检查罩面倾斜角是否满足要求。

（7）防鸟针板。检查刺针长度是否适宜，检查间距是否合理，检查与带电体之间的电气距离是否充足。

（8）驱鸟器。检查工作状态是否正常，检查太阳能电池板的安装方向是否正确，检查安装角度是否合理。

（9）人工鸟巢。检查安装高度是否适当。

（10）防鸟锥。检查磁铁状态是否正常，检查相邻防鸟锥是否连接到位。

防鸟装置安装后验收应填写如表 6–2 所示的防鸟装置现场验收记录单。

表 6–2　　　　　　　　防鸟装置现场验收记录单

线路名称				
安装杆号				
安装单位				
安装日期				
防鸟装置名称	单位	数量	产品厂家	生产日期

验收结果：

安装位置	合格数		不合格数	
安装工艺	合格数		不合格数	
装置性能	合格数		不合格数	
安装人员				

6.3.4　巡视维护

防鸟装置是涉鸟故障防治的核心，但其易出现产品质量不佳和安装工艺不良等问题。因此，对防鸟装置的巡视维护也主要集中在这两方面。

（1）防鸟装置产品质量巡查。防鸟装置应能长期耐受外部环境和短时恶劣天气的考验，装置结构应保持稳定，不应发生影响其功能或线路安全运行的锈蚀、变形、松动等情况。各运维单位要加强对防鸟装置的产品质量巡查，避免因其产品质量不佳造成的防鸟失效或引发次生灾害问题。重点巡查内容为产品材料、连接件是否老化失效（复合类）、锈蚀脱落（金属类），产品是否按要求应用（如防鸟刺打开角度、防鸟拉线绷紧程度是否符合要求），产品选型是否得当（如防鸟盒尺寸是否适合铁塔尺寸、防鸟刺刺针长度是否符合实际需求、大风区是否选用了防鸟罩）等。

（2）防鸟装置安装情况巡查。防鸟装置安装质量好坏直接影响其防鸟效果，且这一因素主要是人为作用。防鸟装置安装时应加强现场施工质量管控及验收，满足安装规范要求，对于重点区域可适当增加数量，扩大防护范围。防鸟装置安装情况巡查包括安装工艺和安装数量的巡视检查，前者主要是补足安装后验收过程中可能发生错漏或因时间关系导致验收时不明显或不影响验收结果但随后形成隐患的部分。对安装数量的巡查，一方面是涉鸟故障防治不同类型区域所采取的防鸟措施数量是否符合要求（如重点区域需采取多种类型的防鸟装置），另一方面是复数类型的防鸟装置所安装的数量是否足够（如防鸟刺、防鸟锥、防鸟盒等）。

各运维单位要加强对架空输电线路防鸟装置的巡视维护，巡视周期和巡视区段应根据涉鸟故障风险分布图、架空线路通道鸟类活动情况及运行经验确定，极端天气或特殊线路区段应增加巡视频次。针对巡视检查出的问题要及时整改完善，尤其是对危及线路安全运行的要立即处理。如持续增加挂点附近防鸟刺安装密度，加装防鸟针板、防鸟锥等填补绝缘子挂点上方塔材空隙，做实防鸟装置的检修和维护，及时更换失效、损坏的防鸟装置等。此外，检修工作结束后应及时将防鸟刺等防鸟装置复位。

防鸟刺是目前使用数量最多、应用最广泛的防鸟装置，同时也是较易出现产品质量或安装质量问题的装置。运维单位应着重对防鸟刺的安装密度及数量进行巡视检查，在补装防鸟刺的同时逐步更换防护能力不足的老式防鸟刺。采用防鸟锥可有效补足防鸟刺安装底座间隙。

6.4 隐患排查及故障处置

6.4.1 隐患排查

涉鸟隐患排查应从以下几个方面开展：①结合线路巡视，及时登记塔上鸟类筑巢情况，为线路检修拆除鸟巢或移至安全区内提供资料；②结合观鸟和涉鸟故障防治特巡，包括夜间巡视，观察鸟类在塔上活动情况，为针对性防治涉鸟故障提供依据；③对塔上防鸟装置布置情况进行排查，及时发现防鸟装置安装不当或出现损坏等情况，从而结合涉鸟故障防治专项工作，对防鸟装置进行补装修复或更换；④检查绝缘子的污染情况，对鸟粪污染严重的绝缘子结合停电计划进行清扫或更换，同时视情况加装防鸟刺、防鸟挡板等装置。

架空输电线路涉鸟隐患排查应与月度定期巡视、特殊巡视一并开展，并在每年 3~6 月、7~11 月等涉鸟故障多发时段适当调整排查周期。也可根据架空输电线路运行环境变化情况开展专项隐患排查工作。对巡视排查出的涉鸟故障隐患要建立详细台账，重点应包括线路区段、地理位置、隐患类型、线路主人、责任单位等信息，并按照“一患一档”要求按轻重缓急逐步销档。常见的涉鸟故障隐患及对应处理措施如下。

（1）防鸟装置缺失。对照涉鸟故障风险分布图，按照风险等级高低和线路重要性，逐步加装到位。

（2）防鸟装置损坏。对破损或固定不牢固的防鸟装置进行修复、更换或加固，危及线路安全运行的应立即处理。

（3）杆塔上有鸟巢。对危及线路安全运行的鸟巢，应将鸟巢拆除或移至离绝缘子较远的安全区内。拆除及移动鸟巢前应检查鸟巢内是否有蛇虫，防止造成人身伤害；对鸟巢内的鸟蛋应予以保护；清理的鸟巢材料应采用专用垃圾袋携带下塔。

（4）鸟粪污染。对鸟粪污染严重的绝缘子实施清扫或更换，并视情况加装防鸟刺、防鸟挡板等装置。

（5）鸟啄复合绝缘子。对已发现遭受鸟啄的复合绝缘子，应根据复合绝缘子的损坏程度确定是否更换，若护套损坏应立即更换。鸟啄严重区段，必要时更换为玻璃或瓷质绝缘子。

以国网宁夏电力为例，针对涉鸟隐患排查出的不同问题及时采取了相应的补装、新增防鸟装置等措施进行处置，如图 6–9 和图 6–10 所示。

图 6-9 新装防鸟针板、补装防鸟刺

图 6-10 新增防鸟挡板、安装防鸟护套

6.4.2 故障处置

当架空输电线路发生涉鸟故障后要及时对其处置，以确保线路尽快恢复运行。主要处置内容为：

（1）检查绝缘子、金具、导线等部件的闪络烧蚀情况，并及时更换受损部件。

（2）对鸟粪类涉鸟故障，应对已遭受鸟粪污染的绝缘子进行清扫或更换，修复或加装防鸟刺、防鸟挡板等防鸟装置。

（3）应及时收集整理和分析涉鸟故障信息记录。涉鸟故障信息记录应包括故障基本信息、故障巡视及处理、故障原因分析、问题和故障后采取措施等，并拍摄留存故障现场照片。现场照片应包括以下信息：

1）故障杆塔周围地形环境（大、小号侧分别记录）；

2）故障杆塔整体照片并标明故障相位置；

3）引起鸟粪闪络的鸟粪以及杆塔上鸟巢、鸟体等痕迹；

4）绝缘子或连接金具闪络痕迹或受损部件的整体及局部照片。

⑦ 典型案例分析

涉鸟故障是造成架空输电线路跳闸的主要原因之一，且以鸟粪类居多。通过统计分析一些典型的涉鸟故障案例，总结分析存在的问题并提出对应的治理措施，可为预防其他类似故障提供参考。

7.1 直线 ZB 型塔鸟粪沿面闪络故障

7.1.1 线路概况

220kV 步兰甲线位于宁夏石嘴山市境内，全长 20.442km，杆塔 63 基，起于 220kV 步桥变电站，止于 220kV 兰山变电站，于 2010 年 8 月投运。线路沿线以平原地形为主，兼以戈壁、湿地、山地、草地等，沿途地形多变，多个线路杆塔位于盐碱地，故障杆塔及其通道情况如图 7-1 所示。

（a）

（b）

图 7-1 220kV 步兰甲线故障杆塔及通道情况
（a）故障杆塔；（b）通道情况

7.1.2 故障情况概述

2016 年 7 月 21 日 3 时 29 分，220kV 步兰甲线 #44 塔 C 相（边相）发生故障

跳闸，重合闸成功。故障区段天气为多云，气温 18℃，微风 2 级，相对湿度为 84%RH。故障点 3km 范围内有盐碱地与水源，鸟类活动频繁。输电线路周边环境及鸟类活动情况如图 7–2 所示。

图 7–2　输电线路周边环境及杆塔栖息的黑鹳

7.1.3　故障原因分析

黑鹳凌晨时在 #44 塔（型号：2C–ZB2–27）地线支架上排便，大量的鸟粪沿复合绝缘子伞裙表面下落形成长拉丝，最终造成绝缘子表面贯通式击穿，短接了横担及导线侧均压环（高压端）间电气间隙，造成线路跳闸。放电造成复合绝缘子高压端伞裙和均压环明显烧蚀，现场可见复合绝缘子沿导线一侧伞裙上大量的鸟粪痕迹。放电痕迹及鸟粪情况如图 7–3 所示。

图 7–3　均压环放电痕迹及绝缘子表面鸟粪情况

7.1.4　已采取防鸟措施及效果评估

（1）已采取的防鸟措施。#44 塔全塔已安装新型冷拔钢丝防鸟刺 36 支，复合绝缘子下方导线两侧各安装有防鸟护套 3m。C 相（故障相）横担安装新型冷拔钢丝防鸟刺 12 支，其中绝缘子挂点上方安装 5 支，地线支架安装 1 支。此外，运维单位根据鸟类活动开展了特巡驱鸟，并定期拆除杆塔上的鸟巢。

（2）防鸟效果评估。根据最新的防鸟刺安装作业指导书，故障杆塔的防鸟刺安装位置、数量、打开角度等均满足要求且为新式防鸟刺；防鸟护套安装工艺满足要求，但未能对均压环和金具进行有效防护；故障杆塔地线横担防鸟刺安装数量不足，无法阻止大型鸟类在地线横担上活动。此外，防鸟刺底座间隙未采取有效措施封堵，给小型鸟类活动提供了客观条件。故障前杆塔防鸟刺安装情况及塔身栖息的鸟类如图 7–4 所示。

图 7–4　故障前杆塔防鸟刺安装情况及塔身栖息的鸟类

7.1.5　治理方案

（1）根据作业指导书要求补充地线横担缺少的防鸟刺，并确保安装数量、安装位置和防护角度等符合要求。

（2）据查，故障杆塔所处涉鸟故障风险等级为Ⅲ级，除补充安装符合要求的防鸟刺外，还应对绝缘子下均压环及连接金具处包覆防鸟护套，或在绝缘子下端均压环处安装防鸟罩；在绝缘子挂点横担处安装防鸟挡板。

（3）加大特巡驱鸟力度，在鸟类活动较为频繁的时间段（如夜间）增加巡视和人工驱鸟频次，及时拆除塔上鸟巢。

（4）对同类型杆塔，尤其是地线横担未采取有效防鸟措施或现有防鸟措施不满足要求的杆塔进行全面排查，并按照涉鸟故障风险等级不同补充完善防鸟措施。

7.1.6　治理成效

通过采取上述治理方案，已排查出同类型问题 37 处并及时采取了补充地线横担防鸟刺、更换老式钢绞线式防鸟刺、加装防鸟罩、防鸟挡板等措施。治理后，220kV 步兰甲线及存在相同问题的输电线路均未再发生同类型涉鸟故障，且防鸟巡视中未发现有黑鹳等大型鸟类在绝缘子挂点正上方或地线横担上活动，治理成效显著。

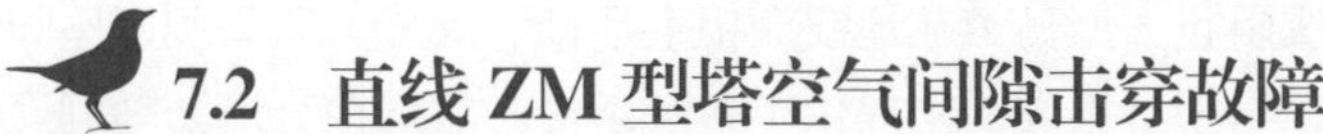

7.2 直线 ZM 型塔空气间隙击穿故障

7.2.1 线路概况

330kV 靖固线位于甘肃省白银市及宁夏中卫市、固原市境内，全长 184.94km，铁塔 452 基，起于 330kV 靖远电厂，止于 330kV 固原变电站，于 1996 年 9 月投运。线路沿线以丘陵地形为主，兼以山地、草地等，沿线有大片农田，且多个线路杆塔位于农田正中。故障杆塔及其通道情况如图 7–5 所示。

（a）　　　　　　　　　　（b）

图 7–5　330kV 靖固线故障杆塔及通道情况
（a）故障杆塔；（b）通道情况

7.2.2 故障情况概述

2016 年 9 月 21 日 22 时 45 分，330kV 靖固线 #162 塔 B 相（中相）故障跳闸，重合闸成功。故障时段天气晴，气温 15℃，微风 2 级，相对湿度 51%RH。故障点位于山丘顶部，杆塔周边为梯田，3km 范围内有村庄和水源，鸟类活动相对频繁。输电线路周边环境及鸟类活动情况如图 7–6 所示。

图 7-6　输电线路周边环境及鸟类活动情况

7.2.3　故障原因分析

鹰隼夜间在 #162 塔（型号：ZM23）横担下平面活动时排便，鸟粪在下落过程中拉伸形成导电通道，造成复合绝缘子上下均压环之间的空气间隙击穿，引起输电线路放电跳闸。放电痕迹及鸟粪情况如图 7-7 所示。

图 7-7　放电痕迹及鸟粪情况

7.2.4　已采取防鸟措施及效果评估

（1）已采取的防鸟措施。#162 塔安装防鸟刺 27 支。其中 B 相（故障相）横担安装 13 支，上平面安装 6 支，下平面安装 4 支。

（2）防鸟效果评估。根据最新的防鸟刺安装作业指导书，故障杆塔的防鸟刺的安装位置、打开角度等满足要求且为新式防鸟刺。但故障相横担下平面防鸟刺安装数量不足，无法防止鸟类，尤其是如鹰隼等小型鸟类在横担空隙中的活动。均压环、连接金具及导线均未采取有效防护措施。此外，故障杆塔防鸟措施单一，除采用防鸟刺外，未再采取其他类型的防鸟装置。故障前杆塔防鸟刺安装情况及塔身栖息的鸟类如图 7-8 所示。

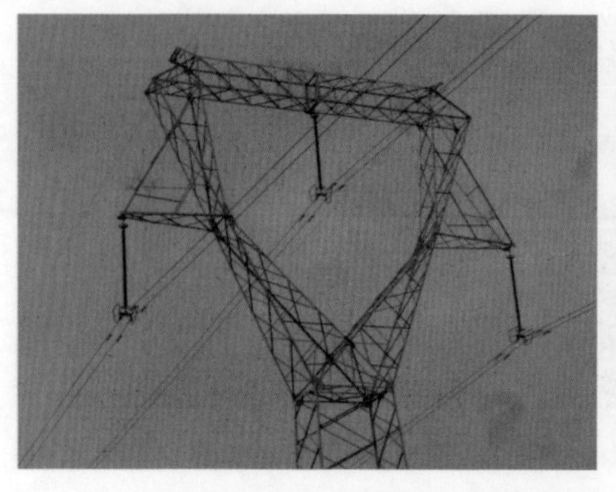

图 7-8　故障前杆塔防鸟刺安装情况及塔身栖息的鸟类

7.2.5　治理方案

（1）按照作业指导书要求补充横担下平面缺少的防鸟刺，并确保安装数量、安装位置和防护角度等符合要求。

（2）据查，故障杆塔所处涉鸟故障风险等级为Ⅱ级，除补充安装符合要求的防鸟刺外，在绝缘子挂点下方（高压侧）加装防鸟罩，并在中相横担上加装风车驱鸟器。

（3）加大特巡驱鸟力度，在鸟类活动较为频繁的时间段（如夜间）增加巡视和人工驱鸟频次，及时拆除塔上鸟巢。

（4）对 330kV 靖固线防鸟措施单一且防鸟刺安装数量不足的同类直线 ZM 型杆塔进行排查，并针对排查出的问题及时采取加装防鸟刺及其他防鸟装置的措施予以补充完善。

7.2.6　治理成效

已完成对 330kV 靖固线全线存在同类问题杆塔的排查，除对同类型杆塔补装防鸟刺外，还对此次故障的 #162 塔以及与其处于相似环境的 5 基杆塔采取了安装金具式防鸟罩、加装风车驱鸟器的措施。治理后，330kV 靖固线未再发生同类型涉鸟故障，且巡视过程中未发现有鸟类停留在绝缘子挂点正上方或在中相横担内穿梭活动的情况，相应的防鸟措施均得到了有效补足，尤其是防小型鸟类鸟粪类故障的能力大大提升。

7.3 直线JG型杆空气间隙击穿故障

7.3.1 线路概况

220kV东掌甲线位于宁夏银川市境内，线路全长42.098km，杆塔111基，起于220kV东山变电站，止于220kV掌政变电站，于1993年6月投运。线路沿线以平原地形为主，通道内几乎都是农田。故障杆塔及通道情况如图7-9所示。

7.3.2 故障情况概述

2016年10月21日7时10分，220kV东掌甲线C相（边相）故障跳闸，重合闸成功。故障区段天气情况晴，气温8℃，微风2级，相对湿度为90%RH。故障点位于农田，周边有村庄和水源地，鸟类活动频繁。输电线路周边环境及鸟类活动情况如图7-10所示。

（a）

（b）

图7-9　220kV东掌甲线故障杆塔及通道情况

（a）故障杆塔；（b）通道情况

图7-10　输电线路周边环境及鸟类活动情况

7.3.3 故障原因分析

鸟类在 #16 杆（型号：JG3-18）C 相绝缘子挂点正上方栖息，清晨觅食起飞前排便，下落的鸟粪通道造成复合绝缘子上下端均压环间的空气间隙击穿放电，造成线路跳闸。复合绝缘子下端（高压端）均压环上的放电烧蚀痕迹和现场鸟粪痕迹明显，如图 7-11 所示。

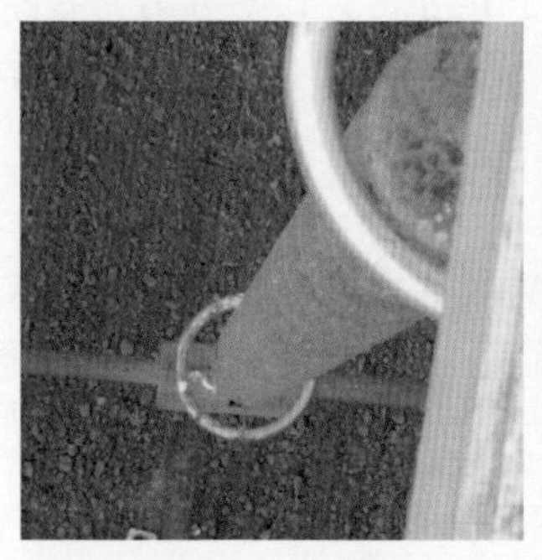

图 7-11　放电痕迹及鸟粪情况

7.3.4 已采取防鸟措施及效果评估

（1）已采取的防鸟措施。#16 水泥杆已安装新式防鸟刺 48 支，导线两端各 3m 和悬垂线夹安装有防鸟护套。其中 C 相（故障相）横担仅安装有 6 支防鸟刺。

（2）效果评估。根据最新的防鸟刺安装作业指导书，该输电线路防鸟刺的打开角度等满足要求且为新式防鸟刺，但因受水泥杆自身结构特点限制，故障杆塔绝缘子挂点正上方横担处未能安装有足够数量的防鸟刺，且已有的防鸟刺安装位置也存在一定偏差，导致绝缘子挂点正上方缺乏防护，不能有效阻止鸟类在此栖息活动。导线及连接金具采用防鸟护套进行了有效防护，但均压环暴露在外，成为了防鸟空白点。故障前杆塔防鸟刺安装情况及塔身栖息的鸟类如图 7-12 所示。

图 7-12　杆塔防鸟刺安装情况及塔身栖息的鸟类

7.3.5 治理方案

（1）按照作业指导书要求补充横担处缺少的防鸟刺，并确保安装数量、安装位置和防护角度等符合要求。

（2）据查，故障杆塔所处涉鸟故障风险等级为Ⅲ级，除补充安装符合要求的防鸟刺外，在绝缘子挂点上方加装防鸟挡板，将复合绝缘子下端均压环同导线、金具一起用防鸟护套进行全包覆。

（3）加大特巡驱鸟力度，在鸟类活动较为频繁的时间段（如夜间）增加巡视和人工驱鸟频次，及时拆除塔上鸟巢。

（4）对同类型水泥杆防鸟刺安装情况进行排查，对防鸟刺安装数量或安装位置不满足要求的及时处置，并根据涉鸟故障风险等级不同，选择安装防鸟挡板或防鸟护套。

7.3.6 治理成效

根据上述治理方案完成了同类水泥杆的全面排查，并根据涉鸟故障风险等级采取了差异化处置措施。尤其对处于Ⅲ级风险区域的输电杆塔，已通过安装防鸟装置并结合人工特巡驱鸟等方式建立起了全面立体的防鸟网络。治理后，有效减少了鸟类活动对此类直线水泥杆带来的影响，同类输电线路也未再发生涉鸟故障跳闸。

7.4 干字形耐张塔地线间隙击穿故障

7.4.1 线路概况

220kV 正兰甲线位于宁夏石嘴山市境内，全长 29.506km，杆塔 87 基，起于 220kV 正谊变电站，止于 220kV 兰山变电站，于 2010 年 8 月投运。线路沿线以平原地形为主，兼以湿地、山地、草地等，线路通道内有大片农田。故障杆塔及通道情况如图 7-13 所示。

（a）

（b）

图 7-13　220kV 正兰甲线故障杆塔及通道情况

（a）故障杆塔；（b）通道情况

7.4.2 故障情况概述

2018 年 6 月 17 日 21 时 50 分，220kV 正兰甲线 B 相（中相）故障跳闸，重合闸成功。故障区段天气多云，气温 18℃，微风 2 级，相对湿度为 80%RH。故障点位于某国家级湿地公园内，周边鸟类活动频繁。输电线路周边环境及鸟类活动情况如图 7–14 所示。

图 7–14 输电线路周边环境及鸟类活动情况

7.4.3 故障原因分析

鸟类夜晚在 #84 塔（型号：2C–J2–21）地线防振锤处活动时排便，下落的鸟粪短接了中相引流线角钢和防振锤间空气间隙，造成输电线路跳闸。地线防振锤及中相引流线角钢处有明显烧伤痕迹，引流线角钢上有部分鸟粪，故障点下方农田有大量鸟粪痕迹，如图 7–15 所示。

图 7–15 放电痕迹及鸟粪情况

7.4.4 已采取防鸟措施及效果评估

（1）已采取防鸟措施。#84 塔全塔安装有 40 支防鸟刺，A、C 相导线及 B 相

（故障相）除引流角钢处导线均安装有防鸟护套，塔身安装有驱鸟器。其中，B相（故障相）横担处安装防鸟刺 8 支，引流线绝缘子挂点上方横担安装防鸟刺 5 支且横担端装有防鸟罩。地线及地线防振锤处未采取防鸟措施。

（2）效果评估。根据最新的防鸟刺安装作业指导书，故障杆塔的防鸟刺安装位置、安装数量、打开角度等均满足要求。同时还安装有防鸟罩、驱鸟器、防鸟护套等装置，措施齐全。但故障相因采用角钢牵引形式，造成在角钢端头处的导线无法安装防鸟护套，成为了防鸟的薄弱点。此外，地线及地线防振锤处因未采取有效防鸟措施，导致无法防止鸟类在地线上活动排便。故障前杆塔防鸟刺及防鸟罩安装情况及塔身夜间栖息的鸟类如图 7–16 所示。

图 7–16　杆塔防鸟刺安装情况及塔身栖息的鸟类

7.4.5　治理方案

（1）将故障杆塔上有锈蚀情况的防鸟刺进行更换；对中相引流形式进行改造，去除引流角钢，对中相引流线加装防鸟护套；在地线适当位置处安装防鸟裹刺或在中相引流横担上安装基座防鸟针板，阻止鸟类在引流线上方地线处活动。

（2）加大特巡驱鸟力度，在鸟类活动较为频繁的时间段（如夜间）增加巡视和人工驱鸟频次，及时拆除塔上鸟巢。

（3）对同类型干字耐张塔进行防鸟隐患排查，对防鸟刺安装数量或安装位置不满足要求的及时处置，对中相引流采取单挂点形式的改造为双挂点不带引流角钢（圆钢）形式，并选择性加装防鸟针板或防鸟裹刺。

7.4.6　治理成效

根据上述治理方案，已完成同类型问题杆塔的排查并补充完善了缺少的防鸟措施，有效扩大了防护范围，形成了全方位立体式的防护。故障杆塔在采取去除引流角钢改造，并在地线加装防鸟裹刺后，至今未再发生同类型涉鸟故障跳闸，治理成效显著。

7.5 防鸟装置安装质量问题导致故障

7.5.1 线路概况

220kV 青利线位于宁夏吴忠市境内，全长 40.491km，杆塔 111 基，起于 220kV 青铜峡变电站，止于 220kV 利通变电站，于 2007 年 8 月投运。线路沿线以平原地形为主，兼以戈壁、草地、湿地等。故障杆塔及通道情况如图 7–17 所示。

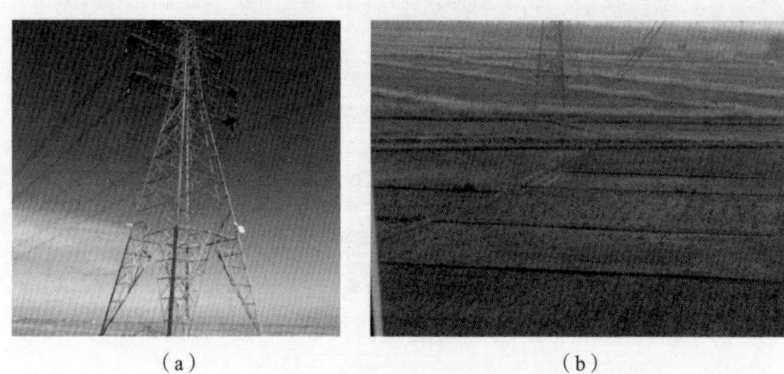

（a）　　　　　　　　　　（b）

图 7–17　220kV 青利线故障杆塔及通道情况

（a）故障杆塔；（b）通道情况

7.5.2 故障情况概述

2018 年 4 月 3 日 22 时 35 分，220kV 青利线 B 相（中相）故障跳闸，重合闸成功。故障段天气多云，气温为 10 ～ 19℃，东北风，风力 3 ～ 4 级，相对湿度为 21%RH。故障点周边主要地形为草地及农田，鸟类活动频繁。输电线路周边环境及鸟类活动情况如图 7–18 所示。

图 7–18　输电线路周边环境及鸟类活动情况

7.5.3 故障原因分析

鹰隼夜间在 #65 塔（型号：ZM32–24）B 相（中相）防鸟挡板处停留排便，因所安装的防鸟挡板工艺不佳，在两块板材拼接处存在过宽缝隙，造成鸟粪从中下落，在有风的情况下，鸟粪不断伸长形成鸟粪通道，最终造成 B 相（中相）高压端均压环与防鸟挡板固定螺栓间空气间隙击穿，导致线路故障跳闸。防鸟挡板固定螺栓上放电烧蚀痕迹明显，杆塔塔身有鸟粪，具体情况如图 7–19 所示。

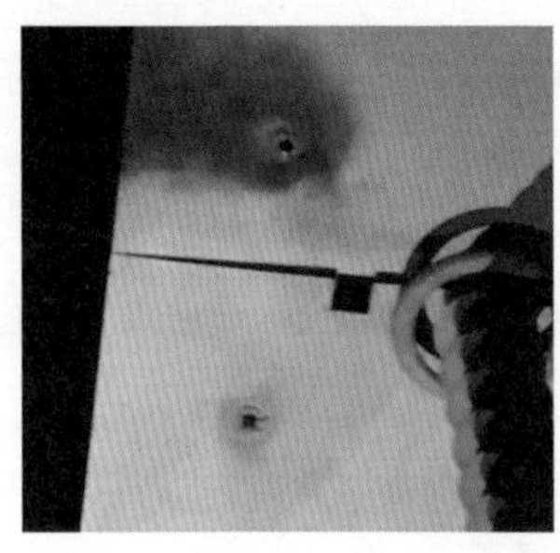

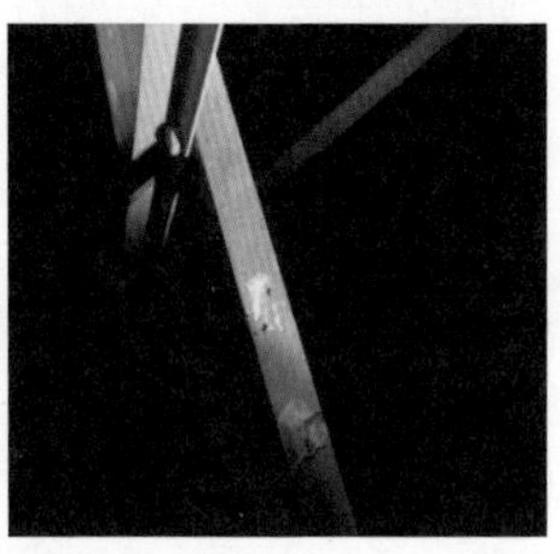

图 7–19　放电痕迹及杆塔上的鸟粪痕迹

7.5.4 已采取防鸟措施及效果评估

（1）已采取的防鸟措施。#65 塔全塔安装防鸟刺 48 支，三相均安装有防鸟挡板；高压端均压环、连接金具、导线未采用防鸟护套包覆。其中 B 相（故障相）安装防鸟刺 15 支，绝缘子挂线点正上方安装 5 支，防鸟挡板安装质量不合格。

（2）效果评估。根据最新的防鸟刺安装作业指导书，该线路的防鸟刺安装位置、打开角度等均满足要求且为新式防鸟刺。但故障点防鸟刺安装数量不足，且防鸟板安装存在严重缺陷，不仅未能有效遮挡鸟粪，还为其提供了良好的下落通道。高压端均压环、连接金具、导线未采取有效防护措施。故障前杆塔防鸟挡板安装情况及鸟类活动痕迹（羽毛）如图 7–20 所示。

图 7–20　故障前杆塔防鸟挡板安装情况及鸟类活动痕迹

7.5.5 治理方案

（1）按照最新的防鸟装置安装作业指导书，对故障杆塔重新安装防鸟挡板，确保安装工艺符合要求；补装横担上缺失的防鸟刺，确保数量和防护角度符合要求。

（2）加大特巡驱鸟力度，在鸟类活动较为频繁的时间段（如夜间）增加巡视和人工驱鸟频次，及时拆除塔上鸟巢。

（3）对全线防鸟挡板安装情况进行核查，对安装工艺存在问题的及时处置，并根据涉鸟故障风险等级不同，选择对高压端均压环、连接金具和导线加装防鸟护套。

7.5.6 治理成效

根据上述治理方案，已完成了全部防鸟挡板安装工艺的隐患排查，对有问题的防鸟挡板及时进行了更换重装。对处于涉鸟故障中高风险区域的杆塔除补装了足够数量的防鸟刺外，还加装了防鸟护套，至今未再发生同类型的涉鸟故障，有效提高了输电线路的运行水平，治理成效显著。

7.6 V型绝缘子串鸟粪导致空气击穿

7.6.1 线路概况

500kV渔兴二回线位于湖北省荆州市江陵县滩桥镇宝莲村境内，全长261.02公里，铁塔598基，起于500kV渔峡口开关站，止于500kV兴隆变电站，于2007年7月投运。线路沿线以平原地形为主，通道内存在大片农田。故障杆塔及通道情况如图7-21所示。

（a）

（b）

图7-21 500kV渔兴二回线故障杆塔及通道情况

（a）故障杆塔；（b）通道情况

7.6.2 故障情况概述

2020 年 3 月 30 日 23 时 2 分，500kV 渔兴二回线 #437 塔 C 相（边相）故障跳闸，重合闸成功。故障区段天气多云，气温 9 ～ 17℃，风力 1 级，相对湿度为 75%RH。故障点 3km 范围内为农田、村庄及 1 处大型水源地（长江），鸟类尤其是大型鸟类活动频繁。输电线路周边环境如图 7-22 所示。

图 7-22　输电线路周边环境及鸟类活动情况

7.6.3 故障原因分析

#437 塔采取了 V 型串复合绝缘子悬挂导线方式，横担（低压端）距离高压端的空气间隙长 4.1m。故障原因为大型鸟类夜间在 #437 塔（型号：SJZ4）横担上排便，大量的鸟粪下落并拉长形成鸟粪通道，造成横担与 C 相均压环（导线）间空气间隙击穿放电，导致输电线路跳闸。塔材上的放电痕迹及鸟粪情况如图 7-23 所示。

图 7-23　塔材放电痕迹及鸟粪情况

7.6.4 已采取防鸟措施及效果评估

（1）已采取的防鸟措施。#437 塔安装横担安装有风车式驱鸟器 3 台，此外未安装防鸟刺等其他类型防鸟装置。

（2）效果评估。500kV 及以上输电线路原则上不考虑涉鸟故障的防范措施，但该线路位于涉鸟故障高发区段，周围鸟类活动十分频繁，应采取一定的防护措施。驱鸟器在一段时间内效果显著，但时间一长鸟类对其产生适应性，防护效果急剧下降。综上所述，故障杆塔缺乏有效的防鸟措施，无法防止大型鸟类在塔上活动排便。故障前杆塔防鸟设施安装情况及塔身栖息的鸟类如图 7–24 所示。

图 7–24　故障前杆塔防鸟装置安装情况及塔身栖息的鸟类

7.6.5　治理方案

（1）对已安装的防鸟装置加强检查和维护，尤其是检查防护范围是否满足要求，及时补充装置数量或更换不满足要求的防鸟装置。

（2）加大特巡驱鸟力度，在鸟类活动较为频繁的时间段（如夜间）增加巡视和人工驱鸟频次，及时拆除塔上鸟巢和清扫被鸟粪污染的绝缘子。

（3）加强同类紧凑型输电杆塔的隐患排查，针对不同杆塔所处涉鸟故障风险等级不同采取安装防鸟刺、防鸟挡板、防鸟针板等组合式防鸟措施。

7.6.6　治理成效

根据上述治理方案，已完成了 500kV 渔兴二回线全线涉鸟隐患排查，对处于涉鸟故障中高风险区域的输电杆塔补装了防鸟刺及防鸟挡板，对故障的 #437 塔除补装了防鸟装置 外，还对绝缘子进行了清扫。治理后，500kV 渔兴二回线至今未再发生同类型的涉鸟故障，有效提高了输电线路的运行水平，治理成效显著。

附录 A 鸟类活动观测及记录表

鸟类活动观测及纪录表见附表 A。

附表 A　　　　　　　　鸟类活动观测及记录表

一、杆塔及周边环境信息

运行单位		记录人	
记录时间（y–m–d h–m）		发现地点（具体到县）	
电压等级（kV）		线路名称	
杆塔号（如 #12）		海拔高度（m）	
杆塔经度		杆塔纬度	
周边环境（如丘陵、农田、山地、湿地、林区等）		周边水系（如 1km 外有 ×× 水库等）	

二、涉鸟隐患信息

隐患类型 （发现鸟巢、发现绝缘子鸟啄、发现大鸟活动、发现绝缘子鸟粪污染、发现鸟粪、鸟羽痕迹）		疑似鸟种	

三、涉鸟隐患照片

四、鸟类信息

鸟类名称		鸟类活动位置（如地线支架，边相横担、中相横担，杆塔附近）	

续表

数量		鸟类身长（m）	
上一次发现该鸟类活动痕迹时间			

五、鸟巢信息（若有）

筑巢鸟类名称		鸟巢所处杆塔位置（如地线支架，边相横担、中相横担）	
鸟巢材料（稻草、藤、短树枝、长树枝、塑料薄膜等）		鸟巢直径（cm）	

六、鸟类或鸟巢照片（可附多张，尽可能包括反映鸟巢或鸟类在杆塔上位置的远景照片及其近距离照片）

七、周边生态环境照片

八、其他补充说明

…

附录 B 典型防鸟装置安装及验收标准化作业指导书

作业指导书明细

附 1

编号：

110 ~ 220kV×× 线路单回路直线水泥杆防鸟刺安装及验收作业指导书

批准：　　　年　　月　　日

审核：　　　年　　月　　日

编写：　　　年　　月　　日

工作负责人：　　　　　　作业班成员：

作业日期：＿＿＿＿年＿＿＿月＿＿＿日＿＿＿时　至　＿＿＿＿年＿＿＿月＿＿＿日＿＿＿时

国网 ××× 电力有限公司

1. 适用范围

适用于 110 ～ 220kV 输电线路单回路直线水泥杆防鸟刺安装及验收工作。

2. 引用文件

GB 50233《110kV ～ 750kV 架空输电线路施工及验收规范》

DL/ T 741《架空输电线路运行规程》

Q/GDW 1799.2《国家电网公司电力安全工作规程（线路部分）》[1]

Q/GDW 12075–2020《架空输电线路防鸟装置技术规范》

3. 作业前准备

3.1 准备工作安排

√	序号	内　容	标　准	责任人	备　注
	1	现场勘察	杆塔周围环境，杆塔状况，地形状况等。判断能否具备作业条件		
	2	查阅有关资料	了解本基杆塔资料，根据杆塔资料，确定需要填写的工作票种类和使用的材料和工器具的数量级型号		
	3	确定防鸟刺安装标准	1．确定防鸟刺规格；校核横担上加装防鸟刺后防鸟刺与导线的电气安全距离，在安全的前提下选择合适的防鸟刺规格，确定防鸟刺针刺数量、直径、长度等。 2．确定防护半径：110kV 线路导线以挂点正上方为中心防鸟刺防护半径不小于 0.6 m；220kV 线路防护半径不小于 0.8m。 3．确定安装位置：单回路直线水泥杆各相导线正上方横担平面上均匀安装，所有杆形地线支架选择位置安装。		

[1] 以下简称《安规》。

续表

√	序号	内 容	标 准	责任人	备 注
	3	确定防鸟刺安装标准	4. 依据防护原则确定安装数量：110kV 单回直线水泥杆中相横担不少于 14 支，各边相横担不少于 6 支，地线横担不少于 2 支。220kV 线路水泥杆安装数量：总数 26 支，中相横担上盖不少于 10 支，下盖不少于 9 支，边横担不少于 5 支，地线支架每相不小于 1 ～ 2 支。安装的具体数量依据横担结构确定，防鸟刺安装质量必须满足导线正上方保护范围内防止鸟类停留活动，在防护半径范围内的所有杆塔横担上方均应被防鸟刺有效覆盖。 5. 防鸟刺钢丝应在各个方向均匀打开，外侧钢丝对中心铅垂线夹角应为 45° ～ 60° ，使其达到最佳防护效果		
	4	典型杆塔安装参考图	500mm 500mm		
	5	了解现场气象条件	判断是否符合《安规》的要求		
	6	组织现场作业人员学习作业指导书	掌握整个操作程序，理解工作任务及操作中的危险点及控制措施		

3.2 人员要求

√	序号	内 容	责任人	备 注
	1	作业人员必须持有有效资格证及上岗证		
	2	作业人员周期身体检查合格、精神状态良好		
	3	安规考试合格		

3.3 工器具

√	序号	名称	型号	单位	数量	备注
	1	传递绳	ϕ12×100 m	套	1	依据杆塔高调整
	2	滑车	1t	套	1	
	3	工具包				
	4	全方位安全带		副	1	
	5	脚扣	ϕ300	副	1	
	6	扳手	10寸	把	1	
	7	扳手	12寸	把	1	

注 以上工器具机械强度均应满足安规要求，是按期进行了预防性试验及检查性试验的合格工器具。

3.4 材料

√	序号	名称	型号(mm)	单位	数量	备注
	1	防鸟刺	700	套		以及配套支架和螺栓

3.5 危险点分析

√	序号	内容
	1	登塔时、塔上作业时违反安规进行操作，可能引起高空坠落
	2	工器具及材料坠落，可能对地面人员造成伤害
	3	作业时感应电对作业人员可能造成伤害

3.6 安全措施

√	序号	内容
	1	如遇雷、雨、雪、雾、风力大于 5 级时应停止露天高处作业
	2	在杆、塔上工作，必须使用安全带和戴安全帽。在杆塔上作业转位时，不得失去安全带保护。登塔平稳，手脚不乱，安全带系在牢固部件上并且位置合理，便于作业
	3	作业必须设专人监护，监护人不得直接操作。监护的范围不得超过一个作业点
	4	使用工具前，应仔细检查其是否损坏、变形、失灵
	5	地面人员严禁在作业点垂直下方活动。塔上人员应防止工器具及材料坠落，使用的工具、材料应用绳索传递

3.7 作业分工

√	序号	作业内容	分组负责人	作业人员
	1	工作负责人，负责正确安全组织工作		
	2	杆塔上电工，负责安装防鸟刺		
	3	地面电工，负责传递防鸟针刺		

4. 作业程序

4.1 开工

√	序号	内容	作业人员签字
	1	工作负责人办理第一种工作票	
	2	工作负责人组织全体工作人员在现场列队宣读工作票，交代工作任务、安全措施、注意事项，工作班成员确认后并进行签字，工作负责人发布开始工作的命令	

4.2 作业内容及标准

√	序号	作业内容	作业步骤及标准	安全措施 注意事项	责任人签字
	1	检查工具	1. 正确佩戴个人安全用具：大小合适，锁扣自如。由负责人监督检查。 2. 派专人对所需工具进行检测，检查工具数量	绝缘工具、安全工器具等使用前，应仔细进行外观检查	
	2	登杆塔	1. 杆塔上电工携带绝缘传递绳登塔。 2. 在横担作业的适当位置系好安全带和延长绳，并将绝缘滑车及绝缘传递绳设置在适当位置	1. 登杆塔前，应认真核对线路的双重称号，以防误登杆塔。 2. 检查爬梯或脚钉是否紧固；是否有冰、霜、雪等。 3. 在登杆塔的过程中必须蹬稳抓牢，手脚协调。 4. 选择滑车的挂点，是否有利于工具材料的上下传递。 5. 在登塔作业时，作业人员应正确使用个人防护用品及安全工器具	
	3	安装	1. 作业人员对照安装示意图加装防鸟刺，并将原有防鸟刺安装位置不合适的进行调整，相邻防鸟刺相互之间距离不大于500mm。 2. 防鸟刺底座支架安装牢固后，调整倾倒装置，将防鸟刺处于直立状态，并将防鸟刺针刺散开成扇状，扇面角度不小于150°。 3. 针刺全部打开后相邻防鸟刺之间针刺必须形成交叉状态	1. 杆塔上下传递工具、材料时，绳扣应绑扎正确可靠。 2. 杆塔作业点下方严禁有人逗留或者通过。 3. 在杆塔上作业转位时，不得失去安全带保护	
	4	返回地面	要平稳下杆塔，手脚协调		

4.3 竣工

√	序 号	内 容	负责人员签字
	1	清理现场及工具，认真检查杆（塔）上有无留遗物，工作负责人全面检查工作完成情况，无误后撤离现场，做到人走场清	
	2	终结工作票	

4.4 消缺记录

√	序 号	缺陷内容	消除人员签字

5. 验收程序

5.1 验收人员要求

√	序 号	内 容	责任人	备 注
	1	验收人员身体健康、精神状态良好		
	2	具备必要的电气知识，本年度《安规》考试合格，有一定现场运行经验、熟悉《110kV ～ 750kV 架空输电线路施工及验收规范》和《架空输电线路防鸟装置技术规范》		
	3	掌握防鸟刺验收及检验的方法		

5.2 验收工器具

√	序 号	名 称	型号 / 规格	单 位	数 量	备 注
	1	全方位安全带		根		

续表

√	序　号	名　称	型号 / 规格	单　位	数　量	备　注
	2	安全帽		个		
	3	笔记本、笔				
	4	卷尺	5m	根		
	5	游标卡尺	200mm	把		
	6	钳子		把		
	7	扳手	12 寸	把		
	8	数码照相机		台		

5.3 验收总结

序　号	检　修　总　结	
1	验收评价	
2	存在问题及处理意见	

5.4 线路验收缺陷统计表

验收人：　　　　　　　　　　验收日期：

杆　号	缺陷内容	备　注

5.5 指导书执行情况评估

评估内容	符合性	优		可操作项	
		良		不可操作项	
	可操作性	优		修改项	
		良		遗漏项	
存在问题					
改进意见					

附 2

编号：

110 ~ 220kV×× 线路单回路耐张水泥杆防鸟刺安装及验收作业指导书

批准：　　　　年　　月　　日

审核：　　　　年　　月　　日

编写：　　　　年　　月　　日

工作负责人：　　　　　　　　　　作业班成员：

作业日期：________年______月______日______时 至 ________年______月______日______时

国网 ××× 电力有限公司

1. 适用范围

适用于 110 ～ 220kV 输电线路单回路耐张水泥杆防鸟刺安装和验收工作。

2. 引用文件

GB 50233《110kV ～ 750kV 架空输电线路施工及验收规范》
DL / T 741《架空输电线路运行规程》
Q/GDW 1799.2《国家电网公司电力安全工作规程（线路部分）》
Q/GDW 12075-2020《架空输电线路防鸟装置技术规范》

3. 作业前准备

3.1 准备工作安排

√	序号	内容	标准	责任人	备注
	1	现场勘察	杆塔周围环境，杆塔状况，地形状况等。判断能否具备作业条件		
	2	查阅有关资料	了解本基杆塔资料，根据杆塔资料，确定需要填写的工作票种类和使用的材料和工器具的数量级型号		
	3	确定防鸟刺安装标准	1. 确定防鸟刺规格；校核横担上加装防鸟刺后防鸟刺与导线的电气安全距离，在安全的前提下选择合适的防鸟刺规格，确定防鸟刺针刺数量、直径、长度等。 2. 确定防护半径：110kV 线路导线以挂点正上方为中心防鸟刺防护半径不小于 0.6 m；220kV 线路防护半径不小于 0.8m。 3. 确定安装位置：单回路耐张水泥杆各相导线正上方横担平面上均匀安装。所有杆形地线支架选择位置安装。		

续表

√	序　号	内　容	标　准	责任人	备　注
	3	确定防鸟刺安装标准	4. 依据防护原则确定安装数量：110kV 单回路耐张水泥杆中相横担不少于 14 支，各边相横担不少于 6 支。220kV 线路水泥杆安装数量：总数 26 支，中相横担上盖不少于 10 支，下盖不少于 9 支，边横担不少于 5 支，地线支架每相不小于 1 ～ 2 支。安装的具体数量依据横担结构确定，防鸟刺安装质量必须满足导线正上方保护范围内防止鸟类停留活动。在防护半径范围内的所有杆塔横担上方均应被防鸟刺有效覆盖。 5. 防鸟刺钢丝应在各个方向均匀打开，外侧钢丝对中心铅垂线夹角应为 45° ～ 60° ，使其达到最佳防护效果		
	4	典型杆塔安装参考图	500mm　500mm		
	5	了解现场气象条件	判断是否符合《安规》的要求		
	6	组织现场作业人员学习作业指导书	掌握整个操作程序，理解工作任务及操作中的危险点及控制措施		

3.2 人员要求

√	序　号	内　容	责任人	备　注
	1	作业人员必须持有有效资格证及上岗证		
	2	作业人员周期身体检查合格、精神状态良好		
	3	《安规》考试合格		

3.3 工器具

√	序号	名称	型号	单位	数量	备注
	1	传递绳	$\phi 12 \times 100$ m	套	1	依据杆塔高调整
	2	滑车	1t	套	1	
	3	工具包				
	4	全方位安全带		副	1	
	5	脚扣	$\phi 300$	副	1	
	6	扳手	10寸	把	1	
	7	扳手	12寸	把	1	

注 以上工器具机械强度均应满足安规要求，是否按期进行了预防性试验及检查性试验的合格工器具。

3.4 材料

√	序号	名称	型号	单位	数量	备注
	1	防鸟刺	700mm	套		以及配套支架和螺栓

3.5 危险点分析

√	序号	内容
	1	登塔时、塔上作业时违反《安规》进行操作，可能引起高空坠落
	2	工器具及材料坠落，可能对地面人员造成伤害
	3	作业时感应电对作业人员可能造成伤害

3.6 安全措施

√	序号	内容
	1	如遇雷、雨、雪、雾、风力大于 5 级时应停止露天高处作业
	2	在杆、塔上工作，必须使用安全带和戴安全帽。在杆塔上作业转位时，不得失去安全带保护。登塔平稳，手脚不乱，安全带系在牢固部件上并且位置合理，便于作业
	3	作业必须设专人监护，监护人不得直接操作。监护的范围不得超过一个作业点
	4	使用工具前，应仔细检查其是否损坏、变形、失灵
	5	地面人员严禁在作业点垂直下方活动。塔上人员应防止工器具及材料坠落，使用的工具、材料应用绳索传递

3.7 作业分工

√	序号	作业内容	分组负责人	作业人员
	1	工作负责人，负责正确安全组织工作		
	2	杆塔上电工，负责安装防鸟刺		
	3	地面电工，负责传递防鸟刺		

4. 作业程序

4.1 开工

√	序号	内容	作业人员签字
	1	工作负责人办理第一种工作票	
	2	工作负责人组织全体工作人员在现场列队宣读工作票，交代工作任务、安全措施、注意事项，工作班成员确认后并进行签字，工作负责人发布开始工作的命令	

4.2 作业内容及标准

√	序号	作业内容	作业步骤及标准	安全措施 注意事项	责任人签字
	1	检查工具	1. 正确佩戴个人安全用具：大小合适，锁扣自如。由负责人监督检查 。 2. 派专人对所需工具进行检测，检查工具量	绝缘工具、安全工器具等使用前，应仔细进行外观检查	
	2	登杆塔	1. 杆塔上电工携带绝缘传递绳登塔。 2. 在横担作业的适当位置系好安全带和延长绳，并将绝缘滑车及绝缘传递绳设置在适当位置	1. 登杆塔前，应认真核对线路的双重称号，以防误登杆塔。 2. 检查爬梯或脚钉是否紧固；是否有冰、霜、雪等。 3. 在登杆塔的过程中必须蹬稳抓牢，手脚协调。 4. 选择滑车的挂点，是否有利于工具材料的上下传递。 5. 在登塔作业时，作业人员应正确使用个人防护用品及安全工器具	
	3	安装	1. 作业人员对照安装示意图加装防鸟刺，并将原有防鸟刺安装位置不合适的进行调整，相邻防鸟刺相互之间距离不大于 500mm。 2. 防鸟刺底座支架安装牢固后，调整倾倒装置，将防鸟刺处于直立状态，并将防鸟刺针刺散开成扇状，扇面角度不小于 150° 。 3. 针刺全部打开后相邻防鸟刺之间针刺必须形成交叉状态	1. 杆塔上下传递工具、材料时，绳扣应绑扎正确可靠。 2. 杆塔作业点下方严禁有人逗留或者通过。 3. 在杆塔上作业转位时，不得失去安全带保护	
	4	返回地面	要平稳下杆塔，手脚协调		

4.3 竣工

√	序　号	内　容	负责人签字
	1	清理现场及工具，认真检查杆（塔）上有无留遗物，工作负责人全面检查工作完成情况，无误后撤离现场做到人走场清	
	2	终结工作票	

4.4 消缺记录

√	序　号	缺陷内容	消除人员签字

5. 验收程序

5.1 验收人员要求

√	序　号	内　容	责任人	备　注
	1	验收人员身体健康、精神状态良好		
	2	具备必要的电气知识，本年度《安规》考试合格，有一定现场运行经验、熟悉《110kV ～ 750kV 架空输电线路施工及验收规范》和《架空输电线路防鸟装置技术规范》		
	3	掌握防鸟刺验收及检验的方法		

5.2 验收工器具

√	序 号	名 称	型号 / 规格	单 位	数 量	备 注
	1	全方位安全带		根		
	2	安全帽		个		
	3	笔记本、笔				
	4	卷尺	5m	根		
	5	游标卡尺	200mm	把		
	6	钳子		把		
	7	扳手	12 寸	把		
	8	数码照相机		台		

5.3 验收总结

序 号		检 修 总 结
1	验收评价	
2	存在问题及处理意见	

5.4 线路验收缺陷统计表

验收人：　　　　　　　　　　验收日期：

杆 号	缺陷内容	备 注

5.5 指导书执行情况评估

评估内容	符合性	优		可操作项	
		良		不可操作项	
	可操作性	优		修改项	
		良		遗漏项	
存在问题					
改进意见					

附 3

编号：

110 ~ 330kV × × 线路单回耐张塔防鸟刺安装及验收作业指导书

批准：　　　年　　　月　　　日

审核：　　　年　　　月　　　日

编写：　　　年　　　月　　　日

工作负责人：　　　　　　　　作业班成员：

作业日期：______年______月______日______时　至　______年______月______日______时

国网 × × × 电力有限公司

1. 适用范围

适用于 110 ～ 330kV 线路单回耐张塔安装及验收防鸟刺工作。

2. 引用文件

GB 50233《110kV ～ 750kV 架空输电线路施工及验收规范》
DL/T 741《架空输电线路运行规程》
Q/GDW 1799.2《国家电网公司电力安全工作规程（线路部分）》
Q/GDW 12075-2020《架空输电线路防鸟装置技术规范》

3. 作业前准备

3.1 准备工作安排

√	序　号	内　容	标　准	责任人	备　注
	1	现场勘察	杆塔周围环境，杆塔状况，地形状况等。判断能否具备作业条件		
	2	查阅有关资料	了解本基杆塔资料，根据杆塔资料，确定需要填写的工作票种类、使用的材料和工器具的数量及型号		
	3	确定防鸟刺安装标准	1. 确定防鸟刺规格；校核横担上加装防鸟刺后防鸟刺与导线的电气安全距离，在安全的前提下选择合适的防鸟刺规格，确定防鸟刺针刺数量、直径、长度等。 2. 防鸟刺安装应采用专用夹具，专用夹具使用 4.8 级 M12 × 40、M16 × 40 热镀锌螺栓连接紧固，紧固螺栓应采取可靠的防松措施，并可顺利拆除。 3. 确定防护半径：110kV 线路导线以挂点正上方为中心防鸟刺防护半径不小于 0.6 m；220kV 线路防护半径不小于 0.8m，330kV 线路防护半径不小于 1.2 m。		

续表

√	序号	内容	标准	责任人	备注
	3	确定防鸟刺安装标准	4. 确定安装位置：单回耐张塔塔中横担上下平面主材及辅材上均安装，边横担在主材及辅材上均安装，地线只在支架上安装。 5. 依据防护原则确定安装数量：在防护半径范围内的所有塔材上方均应被防鸟刺有效覆盖，箱梁式横担防护半径内的上下平面所有塔材均应被有效防护。110kV 单回路耐张塔中相横担端不少于 11 支，地线端不少于 5 支，各边相横担不少于 9 支；220kV 线路单回耐张塔安装数量：总数 32 支，中相横担上盖不少于 12 支，其中跳线支架应密集安装，且不少于 6 支，边横担上盖不少于 8 支，边横担下盖不少于 10 支，地线支架每相不小于 1 ～ 2 支；330kV 线路单回路耐张塔（干字型）边相横担安装数量不少于 10 支（上 平面的两边主材各安装 1 支防鸟刺，交叉材安装 4 支；下横担平面在交叉材上安装 4 支）；中相横担安装数量为 12 支（在中相横担挂点正上方角钢上各安装 6 支）；地线横担支架处加装 1 支。安装的具体数量依据横担结构确定，防鸟刺安装质量必须满足导线正上方保护范围内防止鸟类停留活动。在防护半径范围内的所有杆塔横担上方均应被防鸟刺有效覆盖。 6. 防鸟刺钢丝应在各个方向均匀打开，外侧钢丝对中心铅垂线夹角应为 45° ～ 60° ，使其达到最佳防护效果		
	4	典型杆塔安装参考图	单回耐张塔（以 220kV 为例）： 1. 中相横担上盖不少于 12 支，其中跳线支架应密集安装，且不少于 6 支：		

续表

√	序号	内容	标准	责任人	备注
	4	典型杆塔安装参考图	2. 边横担上盖不少于 8 支： 3. 边横担下盖不少于 10 支：		
	5	了解现场气象条件	判断是否符合《安规》的要求		
	6	组织现场作业人员学习作业指导书	掌握整个操作程序，理解工作任务及操作中的危险点及控制措施		

3.2 人员要求

√	序号	内容	责任人	备注
	1	作业人员必须持有有效资格证及上岗证		
	2	作业人员周期身体检查合格、精神状态良好		
	3	《安规》考试合格		

3.3 工器具

√	序号	名称	型号	单位	数量	备注
	1	传递绳	$\phi 12\times100$ m	套	1	依据杆塔高调整
	2	滑车	1t	套	1	
	3	无极绳圈	$\phi 12\times1$ m	套	1	
	4	防潮帆布	6 m×6 m			
	5	工具包				
	6	全方位安全带		副	2	
	7	扳手	10寸	把	1	
	8	扳手	12寸	把	1	

注　以上工器具机械及电气性能均应满足安规要求，按期进行了预防性试验及检查性试验的合格工器具。

3.4 材料

√	序号	名称	型号	单位	数量	备注
	1	防鸟刺	长短结合，500mm、600mm、700mm	套		

3.5 危险点分析

√	序号	内容
	1	登塔时、塔上作业时违反安规进行操作，可能引起高空坠落
	2	工器具及材料坠落，可能对地面人员造成伤害
	3	作业时感应电对作业人员造成伤害

3.6 安全措施

√	序　号	内　容
	1	如遇雷、雨、雪、雾、风力大于 5 级时，应停止露天高处作业
	2	在杆、塔上工作，必须使用安全带和戴安全帽。在杆塔上作业转位时，不得失去安全带保护。登塔平稳，手脚不乱，安全带系在牢固部件上并且位置合理，便于作业
	3	作业必须设专人监护，监护人不得直接操作。监护的范围不得超过一个作业点
	4	使用工具前，应仔细进行外观检查
	5	地面人员严禁在作业点坠落半径内活动。塔上人员应防止工器具及材料坠落，使用的工具、材料应用绳索传递

3.7 作业分工

√	序　号	作业内容	作业人员
	1	工作负责人，负责正确安全组织工作	
	2	杆塔上电工，负责安装防鸟刺	
	3	地面电工，负责传递防鸟刺	

4. 作业程序

4.1 开工

√	序　号	内　容	作业人员签字
	1	工作负责人办理第一种工作票	
	2	工作负责人组织全体工作人员在现场列队宣读工作票，交代工作任务、安全措施、注意事项，工作班成员确认后并进行签字，工作负责人发布开始工作的命令	

4.2 作业内容及标准

√	序号	作业内容	作业步骤及标准	安全措施注意事项	责任人签字
	1	检查工具	1. 正确佩戴个人安全用具：大小合适，锁扣自如。由负责人监督检查。 2. 派专人对所需工具进行测量，检查工具数量	1. 绝缘工具使用前，应仔细检查其是否损坏、变形、失灵。 2. 认真检查安全带和登杆塔工具，是否损坏、变形、失灵	
	2	登杆塔	1. 杆塔上电工携带传递绳登塔。 2. 在横担作业的适当位置系好安全带，并将传递绳上 的滑车装好	1. 登杆塔前，应认真核对线路的双重称号，以防误登杆塔。 2. 检查爬梯或脚钉是否紧固；是否有冰、霜、雪等。 3. 在登杆塔的过程中必须蹬稳抓牢，手脚协调。 4. 选择滑车的挂点，是否有利于工具材料的上下传递。 5. 在登塔作业时，作业人员应正确使用个人防护用品及安全工器具	
	3	安装	1. 作业人员对照安装示意图加装防鸟刺，原有防鸟刺安装位置不合适的进行调整。 2. 防鸟刺底座卡具安装牢固后，调整倾倒装置，将防鸟刺处于直立状态，并将防鸟刺针刺散开城扇状，扇面角度不小于150° 。 3. 针刺全部打开后相邻防鸟刺之间间隙不大于10cm	1. 杆塔上下传递工具、材料时，绳扣应绑扎正确可靠。 2. 杆塔作业点下方严禁有人逗留或者通过。 3. 在杆塔上作业转位时，不得失去安全带保护	
	4	返回地面	要平稳下杆塔，手脚协调		

4.3 竣工

√	序　号	内　容	负责人签字
	1	清理现场及工具，认真检查杆塔上有无留遗物，工作负责人全面检查工作完成情况，无误后撤离现场，做到人走场清	

续表

√	序号	内容	负责人签字
	2	终结工作票	

4.4 消缺记录

√	序号	缺陷内容
	1	见附表

5. 验收程序

5.1 验收人员要求

√	序号	内容	责任人	备注
	1	验收人员身体健康、精神状态良好		
	2	具备必要的电气知识，本年度《安规》考试合格，有一定现场运行经验、熟悉《110kV ～ 750kV 架空输电线路施工及验收规范》和《架空输电线路防鸟技术规范》		
	3	掌握防鸟刺验收及检验的方法		

5.2 验收工器具

√	序号	名称	型号 / 规格	单位	数量	备注
	1	全方位安全带		根		
	2	安全帽		个		
	3	笔记本、笔				

续表

√	序　号	名　称	型号 / 规格	单　位	数　量	备　注
	4	卷尺	5m	根		
	5	游标卡尺	200mm	把		
	6	钳子		把		
	7	扳手	12 寸	把		
	8	数码照相机		台		

5.3 验收总结

序　号	检　修　总　结	
1	验收评价	
2	存在问题及处理意见	

5.4 线路验收缺陷统计表

验收人：　　　　　　　　　　验收日期：

杆　号	缺陷内容	备　注

5.5 指导书执行情况评估

评估内容	符合性	优		可操作项	
		良		不可操作项	
	可操作性	优		修改项	
		良		遗漏项	
存在问题					
改进意见					

附 4

编号：

110 ~ 330kV×× 线路双回耐张塔防鸟刺安装及验收作业指导书

批准：　　　年　　　月　　　日

审核：　　　年　　　月　　　日

编写：　　　年　　　月　　　日

工作负责人：　　　　　　　　作业班成员：

作业日期：______年______月______日______时 至 ______年______月______日______时

国网 ××× 电力有限公司

1. 适用范围

适用于 110 ～ 330kV 输电线路双回耐张塔防鸟刺安装和验收工作。

2. 引用文件

GB 50233《110kV ～ 750kV 架空输电线路施工及验收规范》
DL/T 741《架空输电线路运行规程》
Q/GDW 1799.2《国家电网公司电力安全工作规程（线路部分）》
Q/GDW 12075-2020《架空输电线路防鸟装置技术规范》

3. 作业前准备

3.1 准备工作安排

√	序号	内容	标准	责任人	备注
	1	现场勘察	杆塔周围环境，杆塔状况，地形状况等。判断能否具备作业条件		
	2	查阅有关资料	了解本基杆塔资料，根据杆塔资料，确定需要填写的工作票种类、使用的材料和工器具的数量及型号		
	3	确定防鸟刺安装标准	1. 确定防鸟刺规格；校核横担上加装防鸟刺后防鸟刺与导线的电气安全距离。在安全的前提下选择合适的防鸟刺规格，确定防鸟刺针刺数量、直径、长度等。 2. 防鸟刺安装应采用专用夹具，专用夹具使用 4.8 级 M12 × 40、M16 × 40 热镀锌螺栓连接紧固，紧固螺栓应采取可靠的防松措施，并可顺利拆除。		

续表

√	序号	内容	标准	责任人	备注
	3	确定防鸟刺安装标准	3. 确定防鸟刺规格：校核横担上加装防鸟刺后防鸟刺与导线的电气安全距离应≥1.8m。在安全的前提下选择合适的防鸟刺规格，确定防鸟刺针刺数量、直径、长度等。 4. 确定防护半径：110kV 线路导线以挂点正上方为中心防鸟刺防护半径不小于地线支架 0.6m；220kV 线路防护半径不小于 0.8m；330kV 线路防护半径不小于 1.2m。 5. 确定安装位置：双回耐张塔塔中横担上下平面主材及辅材上均安装，边横担在主材及辅材上均安装，地线只在支架上安装；110kV 双回路耐张塔每相横担不少于 9 支，地线横担不少于 2 支 220kV 线路双回耐张塔安装数量：总数 110 支，横担上盖不少于 8 支，横担下盖不少于 10 支，地线支架每相不小于 1～2 支。330kV 线路双回路耐张塔上中下三相横担安装数量不少于 9 支（上平面的两边主材各安装一支防鸟刺，中间材安装一支，下平面两边主材各安装一支防鸟刺，交叉材安装 4 支）；地线横担支架处加装 2 支，总数量不少于 29 支。 6. 防鸟刺钢丝应在各个方向均匀打开，外侧钢丝对中心铅垂线夹角应为 45°～60°，使其达到最佳防护效果		
	4	典型杆塔安装参考图	双回耐张塔：（以 220kV 为例） 1. 横担上盖不少于 8 支： 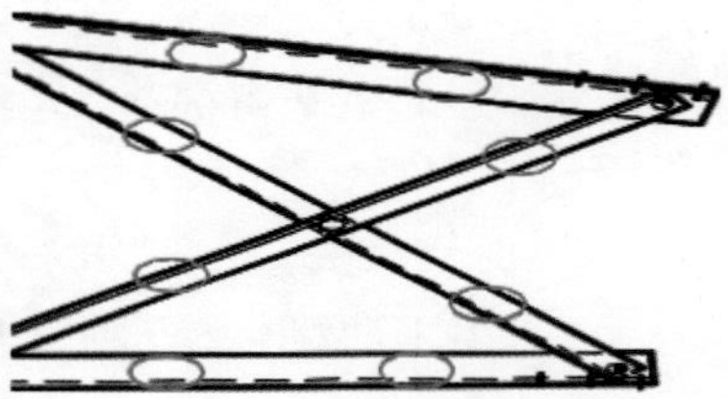		

续表

√	序 号	内 容	标 准	责任人	备 注
	4	典型杆塔安装参考图	2. 横担下盖不少于 10 支：		
	5	了解现场气象条件	判断是否符合《安规》的要求		
	6	组织现场作业人员学习作业指导书	掌握整个操作程序，理解工作任务及操作中的危险点及控制措施		

3.2 人员要求

√	序 号	内 容	责任人	备 注
	1	作业人员必须持有有效资格证及上岗证		
	2	作业人员周期身体检查合格、精神状态良好		
	3	《安规》考试合格		

3.3 工器具

√	序号	名称	型号	单位	数量	备注
	1	传递绳	ϕ12×100 m	套	1	依据杆塔高调整
	2	滑车	1t	套	1	
	3	无极绳圈	ϕ12×1 m	套	1	
	4	防潮帆布	6 m×6 m			
	5	工具包				
	6	全方位安全带		副	2	
	7	扳手	10寸	把	1	
	8	扳手	12寸	把	1	

注 以上工器具机械及电气性能均应满足《安规》要求，按期进行了预防性试验及检查性试验的合格工器具。

3.4 材料

√	序号	名称	型号	单位	数量	备注
	1	防鸟刺	长短结合，500mm、600mm、700mm	套		

3.5 危险点分析

√	序号	内容
	1	登塔时、塔上作业时违反安规进行操作，可能引起高空坠落
	2	工器具及材料坠落，可能对地面人员造成伤害
	3	作业时感应电对作业人员造成伤害

3.6 安全措施

√	序　号	内　容
	1	如遇雷、雨、雪、雾、风力大于 5 级时，应停止露天高处作业
	2	在杆、塔上工作，必须使用安全带和戴安全帽。在杆塔上作业转位时，不得失去安全带保护。登塔平稳，手脚不乱，安全带系在牢固部件上并且位置合理，便于作业
	3	作业必须设专人监护，监护人不得直接操作。监护的范围不得超过一个作业点
	4	使用工具前，应仔细进行外观检查
	5	地面人员严禁在作业点坠落半径内活动。塔上人员应防止工器具及材料坠落，使用的工具、材料应用绳索传递

3.7 作业分工

√	序　号	作业内容	作业人员
	1	工作负责人，负责正确安全组织工作	
	2	杆塔上电工，负责安装防鸟刺	
	3	地面电工，负责传递防鸟刺	

4. 作业程序

4.1 开工

√	序　号	内　容	作业人签字
	1	工作负责人办理第一种工作票	
	2	工作负责人组织全体工作人员在现场列队宣读工作票，交代工作任务、安全措施、注意事项，工作班成员确认后并进行签字，工作负责人发布开始工作的命令	

4.2 作业内容及标准

√	序号	作业内容	作业步骤及标准	安全措施注意事项	责任人签字
	1	检查工具	1. 正确佩戴个人安全用具：大小合适，锁扣自如。由负责人监督检查。 2. 派专人对所需工具进行测量，检查工具数量	1. 绝缘工具使用前，应仔细检查其是否损坏、变形、失灵。 2. 认真检查安全带和登杆塔工具，是否损坏、变形、失灵	
	2	登杆塔	1. 杆塔上电工携带传递绳登塔。 2. 在横担作业的适当位置系好安全带，并将传递绳上的滑车装好	1. 登杆塔前，应认真核对线路的双重称号，以防误登杆塔。 2. 检查爬梯或脚钉是否紧固；是否有冰、霜、雪等。 3. 在登杆塔的过程中必须蹬稳抓牢，手脚协调。 4. 选择滑车的挂点，是否有利于工具材料的上下传递。 5. 在登塔作业时，作业人员应正确使用个人防护用品及安 全工器具	
	3	安装	1. 作业人员对照安装示意图加装防鸟刺，原有防鸟刺安装位置不合适的进行调整。 2. 防鸟刺底座卡具安装牢固后，调整倾倒装置，将防鸟刺处于直立状态，并将防鸟刺针刺散开城扇状，扇面角度不小于 150° 。 3. 针刺全部打开后相邻防鸟刺之间间隙不大于 10cm	1. 杆塔上下传递工具、材料时，绳扣应绑扎正确可靠。 2. 杆塔作业点下方严禁有人逗留或者通过。 3. 在杆塔上作业转位时，不得失去安全带保护	
	4	返回地面	要平稳下杆塔，手脚协调		

4.3 竣工

√	序　号	内　容	负责人签字
	1	清理现场及工具，认真检查杆塔上有无留遗物，工作负责人全面检查工作完成情况，无误后撤离现场，做到人走场清。	
	2	终结工作票	

4.4 消缺记录

√	序　号	缺陷内容
	1	见附表

5. 验收程序

5.1 验收人员要求

√	序　号	内　容	责任人	备　注
	1	验收人员身体健康、精神状态良好		
	2	具备必要的电气知识，本年度《安规》考试合格，有一定现场运行经验、熟悉《110kV ～ 750kV 架空输电线路施工及验收规范》和《架空输电线路防鸟装置技术规范》		
	3	掌握防鸟刺验收及检验的方法		

5.2 验收工器具

√	序　号	名　称	型号 / 规格	单　位	数　量	备　注
	1	全方位安全带		根		
	2	安全帽		个		

续表

√	序号	名称	型号 / 规格	单位	数量	备注
	3	笔记本、笔				
	4	卷尺	5m	根		
	5	游标卡尺	200mm	把		
	6	钳子		把		
	7	扳手	12 寸	把		
	8	数码照相机		台		

5.3 验收总结

序号	检修总结	
1	验收评价	
2	存在问题及处理意见	

5.4 线路验收缺陷统计表

验收人：　　　　　　　　　　　　验收日期：

杆号	缺陷内容	备注

5.5 指导书执行情况评估

评估内容	符合性	优		可操作项	
		良		不可操作项	
	可操作性	优		修改项	
		良		遗漏项	
存在问题					
改进意见					

附 5

编号：

110 ~ 330kV×× 线路双回直线塔防鸟刺安装及验收作业指导书

批准：　　　年　　月　　日

审核：　　　年　　月　　日

编写：　　　年　　月　　日

工作负责人：　　　　　　　　作业班成员：

作业日期：______年_____月_____日_____时 至 ______年_____月_____日_____时

国网 ××× 电力有限公司

1. 适用范围

适用于 110 ～ 330kV 输电线路双回直线塔防鸟刺安装和验收工作。

2. 引用文件

GB 50233《110kV ～ 750kV 架空输电线路施工及验收规范》
DL/T 741《架空输电线路运行规程》
Q/GDW 1799.2《国家电网公司电力安全工作规程（线路部分）》
Q/GDW 12075-2020《架空输电线路防鸟装置技术规范》

3. 作业前准备

3.1 准备工作安排

√	序　号	内　容	标　准	责任人	备　注
	1	现场勘察	杆塔周围环境，杆塔状况，地形状况等。判断能否具备作业条件		
	2	查阅有关资料	了解本基杆塔资料，根据杆塔资料，确定需要填写的工作票种类、使用的材料和工器具的数量及型号		
	3	确定防鸟刺安装标准	1. 防鸟刺安装应采用专用夹具，专用夹具使用 4.8 级 M12×40、M16×40 热镀锌螺栓连接紧固，紧固螺栓应采取可靠的防松措施，并可顺利拆除。 2. 确定防鸟刺规格：校核横担上加装防鸟刺后防鸟刺与导线的电气安全距离应≥ 1.8m。在安全的前提下选择合适的防鸟刺规格，确定防鸟刺针刺数量、直径、长度等。 3. 确定防护半径：110kV 线路导线以挂点正上方为中心防鸟刺防护半径不小于地线支架 0.6 m；220kV 线路防护半径不小于 0.8m；330kV 线路防护半径不小于 1.2 m。		

续表

√	序号	内容	标准	责任人	备注
	3	确定防鸟刺安装标准	4. 确定安装位置：双回直线塔塔中横担上下平面主材及辅材上均安装，边横担在主材及辅材上均安装，地线只在支架上安装；110kV 双回路直线塔每相横担不少于 6 支，地线横担不少于 2 支；220kV 线路双回直线塔安装数量：总数 110 支，横担上盖不少于 8 支，横担下盖不少于 10 支，地线支架每相不小于 1 ～ 2 支；330kV 线路双回路直线塔上中下三相横担安装数量不少于 10 支（下平面两边主材各安装两支防鸟刺，交叉材安装 4 支，挂线点两侧各安装一支）；地线横担支架处加装 2 支，总数量不少于 32 支。 5. 防鸟刺钢丝应在各个方向均匀打开，外侧钢丝对中心铅垂线夹角应为 45° ～ 60°，使其达到最佳防护效果		
	4	典型杆塔安装参考图	双回直线塔：（以 220kV 为例） 1. 横担上盖不少于 8 支： 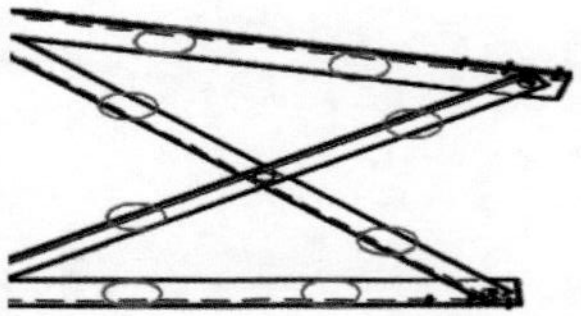 2. 横担下盖不少于 10 支： 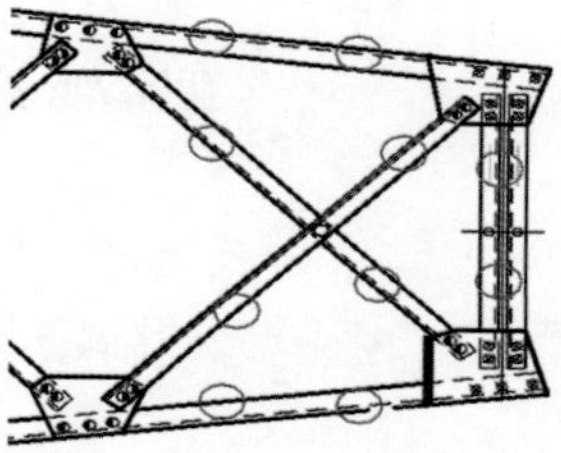		

续表

√	序号	内容	标准	责任人	备注
	5	了解现场气象条件	判断是否符合安规的要求		
	6	组织现场作业人员学习作业指导书	掌握整个操作程序，理解工作任务及操作中的危险点及控制措施		

3.2 人员要求

√	序号	内容	责任人	备注
	1	作业人员必须持有有效资格证及上岗证		
	2	作业人员周期身体检查合格、精神状态良好		
	3	《安规》考试合格		

3.3 工器具

√	序号	名称	型号	单位	数量	备注
	1	传递绳	ϕ12×100 m	套	1	依据杆塔高调整
	2	滑车	1t	套	1	
	3	无极绳圈	ϕ12×1 m	套	1	
	4	防潮帆布	6 m×6 m			
	5	工具包				
	6	全方位安全带		副	2	
	7	扳手	10 寸	把	1	
	8	扳手	12 寸	把	1	

注 以上工器具机械及电气性能均应满足安规要求，按期进行了预防性试验及检查性试验的合格工器具。

3.4 材料

√	序号	名称	型号	单位	数量	备注
	1	防鸟刺	长短结合，500mm、600mm、700mm	套		

3.5 危险点分析

√	序号	内容
	1	登塔时、塔上作业时违反安规进行操作，可能引起高空坠落
	2	工器具及材料坠落，可能对地面人员造成伤害
	3	作业时感应电对作业人员造成伤害

3.6 安全措施

√	序号	内容
	1	如遇雷、雨、雪、雾、风力大于 5 级时，应停止露天高处作业
	2	在杆、塔上工作，必须使用安全带和戴安全帽。在杆塔上作业转位时，不得失去安全带保护。登塔平稳，手脚不乱，安全带系在牢固部件上并且位置合理，便于作业
	3	作业必须设专人监护，监护人不得直接操作。监护的范围不得超过一个作业点
	4	使用工具前，应仔细进行外观检查
	5	地面人员严禁在作业点坠落半径内活动。塔上人员应防止工器具及材料坠落，使用的工具、材料应用绳索传递

3.7 作业分工

√	序号	作业内容	作业人员
	1	工作负责人，负责正确安全组织工作	

续表

√	序号	作业内容	作业人员
	2	杆塔上电工，负责安装防鸟刺	
	3	地面电工，负责传递防鸟刺	

4. 作业程序

4.1 开工

√	序号	内容	作业人签字
	1	工作负责人办理第一种工作票	
	2	工作负责人组织全体工作人员在现场列队宣读工作票，交代工作任务、安全措施、注意事项，工作班成员确认后并进行签字，工作负责人发布开始工作的命令	

4.2 作业内容及标准

√	序号	作业内容	作业步骤及标准	安全措施注意事项	责任人签字
	1	检查工具	1. 正确佩戴个人安全用具：大小合适，锁扣自如。由负责人监督检查。 2. 派专人对所需工具进行测量，检查工具数量	1. 绝缘工具使用前，应仔细检查其是否损坏、变形、失灵。 2. 认真检查安全带和登杆塔工具，是否损坏、变形、失灵	
	2	登杆塔	1. 杆塔上电工携带传递绳登塔。 2. 在横担作业的适当位置系好安全带，并将传递绳上的滑车装好	1. 登杆塔前，应认真核对线路的双重称号，以防误登杆塔。 2. 检查爬梯或脚钉是否紧固；是否有冰、霜、雪等。 3. 在登杆塔的过程中必须蹬稳抓牢，手脚协调。 4. 选择滑车的挂点，是否有利于工具材料的上下传递。 5. 在登塔作业时，作业人员应正确使用个人防护用品及安全工器具	

续表

√	序号	作业内容	作业步骤及标准	安全措施 注意事项	责任人签字
	3	安装	1. 作业人员对照安装示意图加装防鸟刺，原有防鸟刺安装位置不合适的进行调整。 2. 防鸟刺底座卡具安装牢固后，调整倾倒装置，将防鸟刺处于直立状态，并将防鸟刺针刺散开城扇状，扇面角度不小于 150° 。 3. 针刺全部打开后相邻防鸟刺之间间隙不大于 10cm	1. 杆塔上下传递工具、材料时，绳扣应绑扎正确可靠。 2. 杆塔作业点下方严禁有人逗留或者通过。 3. 在杆塔上作业转位时，不得失去安全带保护	
	4	返回地面	要平稳下杆塔，手脚协调		

4.3 竣工

√	序号	内容	负责人签字
	1	清理现场及工具，认真检查杆塔上有无留遗物，工作负责人全面检查工作完成情况，无误后撤离现场，做到人走场清	
	2	终结工作票	

4.4 消缺记录

√	序号	缺陷内容
	1	见附表

5. 验收程序

5.1 验收人员要求

√	序　号	内　容	责任人	备　注
	1	验收人员身体健康、精神状态良好		
	2	具备必要的电气知识，本年度《安规》考试合格，有一定现场运行经验、熟悉《110kV ～ 750kV 架空输电线路施工及验收规范》和《架空输电线路防鸟装置技术规范》		
	3	掌握防鸟刺验收及检验的方法		

5.2 验收工器具

√	序　号	名　称	型号 / 规格	单　位	数　量	备　注
	1	全方位安全带		根		
	2	安全帽		个		
	3	笔记本、笔				
	4	卷尺	5m	根		
	5	游标卡尺	200mm	把		
	6	钳子		把		
	7	扳手	12 寸	把		
	8	数码照相机		台		

5.3 验收总结

序　号	检　修　总　结	
1	验收评价	
2	存在问题及处理意见	

5.4 线路验收缺陷统计表

验收人：　　　　　　　　　　　　验收日期：

杆　号	缺陷内容	备　注

5.5 指导书执行情况评估

评估内容	符合性	优		可操作项	
		良		不可操作项	
	可操作性	优		修改项	
		良		遗漏项	
存在问题					
改进意见					

附 6

编号：

220 ~ 330kV×× 线路酒杯塔防鸟刺安装及验收作业指导书

批准：　　　　年　　月　　日

审核：　　　　年　　月　　日

编写：　　　　年　　月　　日

工作负责人：　　　　　　　　　　作业班成员：

作业日期：________年______月______日______时　至　________年______月______日______时

国网 ××× 电力有限公司

1. 适用范围

适用于 220 ～ 330kV 输电线路酒杯塔防鸟刺安装和验收工作。

2 引用文件

GB 50233《110kV ～ 750kV 架空输电线路施工及验收规范》
DL/T 741《架空输电线路运行规程》
Q/GDW 1799.2《国家电网公司电力安全工作规程（线路部分）》
Q/GDW 12075-2020《架空输电线路防鸟装置技术规范》

3. 开工前准备

3.1 准备工作安排

√	序 号	内 容	标 准	责任人	备 注
	1	现场勘察	杆塔周围环境，杆塔状况，地形状况等。判断能否具备作业条件		
	2	查阅有关资料	了解本基杆塔资料，根据杆塔资料，确定需要填写的工作票种类、使用的材料和工器具的数量及型号		
	3	确定防鸟刺安装标准	1. 防鸟刺安装应采用专用夹具，专用夹具使用 4.8 级 M12×40、M16×40 热镀锌螺栓连接紧固，紧固螺栓应采取可靠的防松措施，并可顺利拆除。 2. 确定防鸟刺规格：校核横担上加装防鸟刺后防鸟刺与导线的电气安全距离应≥ 1.8m。在安全的前提下选择合适的防鸟刺规格，确定防鸟刺针刺数量、直径、长度等。 3. 确定防护半径：220kV 线路防护半径不小于 0.8m；330kV 线路防护半径不小于 1.2 m。		

续表

√	序号	内容	标准	责任人	备注
	3	确定防鸟刺安装标准	4. 确定安装位置：酒杯塔塔边横担、中横担上下平面主材及辅材上均安装，地线只在支架上安装；依据防护原则确定安装数量：在防护半径范围内的所有塔材上方均应被防鸟刺有效覆盖，箱梁式横担防护半径内的上下平面所有塔材均应被有效防护。220kV 线路酒杯塔安装数量：总数 49 支，中相横担上盖不少于 15 支，下盖不少于 14 支，边横担上盖不少于 8 支，边横担下盖不少于 10 支，地线支架每相不小于 1 ～ 2 支；330kV 线路单回路酒杯塔中相横担上平面安装数量不少于 14 支；下横担在挂点两侧交叉材各安装数量不少于 8 支；边相横担上平面交叉材安装数量不少于 4 支；边相横担下平面交叉材安装数量不少于 5 支；地线横担支架处加装支。 5. 防鸟刺钢丝应在各个方向均匀打开，外侧钢丝对中心铅垂线夹角应为 45° ～ 60° ，使其达到最佳防护效果		
	4	典型杆塔安装参考图	酒杯塔（以 220kV 为例）： 1. 中相横担上盖不少于 15 支，其中挂点上方蓝色虚线 1 支鸟刺为向下安装： 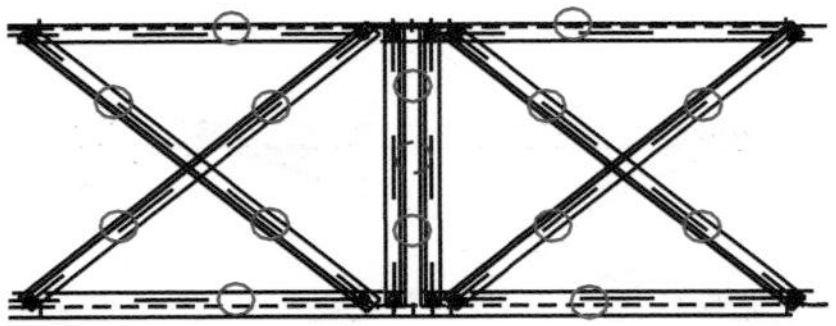 2. 中相横担下盖不少于 14 支： 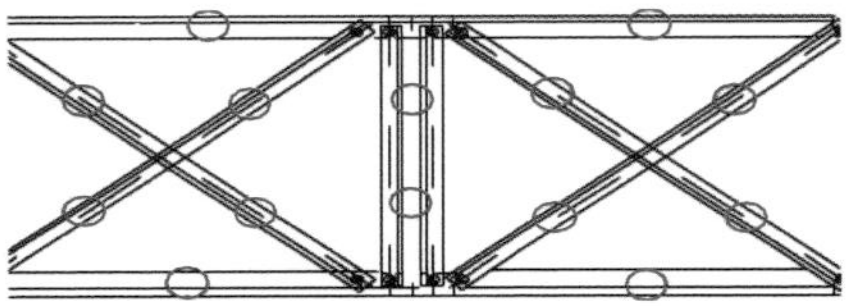		

续表

√	序 号	内 容	标 准	责任人	备 注
	4	典型杆塔安装参考图	3. 边横担上盖不少于 8 支： 4. 边横担下盖不少于 10 支： 边相导线挂点		
	5	了解现场气象条件	判断是否符合《安规》的要求		
	6	组织现场作业人员学习作业指导书	掌握整个操作程序，理解工作任务及操作中的危险点及控制措施		

3.2 人员要求

√	序号	内 容	责任人	备 注
	1	作业人员必须持有有效资格证及上岗证		

续表

√	序号	内　容	责任人	备　注
	2	作业人员周期身体检查合格、精神状态良好		
	3	《安规》考试合格		

3.3 工器具

√	序　号	名　称	型　号	单　位	数　量	备　注
	1	传递绳	ϕ12×100 m	套	1	依据杆塔高调整
	2	滑车	1t	套	1	
	3	无极绳圈	ϕ12×1 m	套	1	
	4	防潮帆布	6 m×6 m			
	5	工具包				
	6	全方位安全带		副	2	
	7	扳手	10 寸	把	1	
	8	扳手	12 寸	把	1	

注　以上工器具机械及电气性能均应满足安规要求，按期进行了预防性试验及检查性试验的合格工器具。

3.4 材料

√	序　号	名　称	型　号	单　位	数　量	备　注
	1	防鸟刺	长短结合，500mm、600mm、700mm	套		

3.5 危险点分析

√	序号	内容
	1	登塔时、塔上作业时违反安规进行操作，可能引起高空坠落
	2	工器具及材料坠落，可能对地面人员造成伤害
	3	作业时感应电对作业人员造成伤害

3.6 安全措施

√	序号	内容
	1	如遇雷、雨、雪、雾、风力大于 5 级时，应停止露天高处作业
	2	在杆、塔上工作，必须使用安全带和戴安全帽。在杆塔上作业转位时，不得失去安全带保护。登塔平稳，手脚不乱，安全带系在牢固部件上并且位置合理，便于作业
	3	作业必须设专人监护，监护人不得直接操作。监护的范围不得超过一个作业点
	4	使用工具前，应仔细进行外观检查
	5	地面人员严禁在作业点坠落半径内活动。塔上人员应防止工器具及材料坠落，使用的工具、材料应用绳索传递

3.7 作业分工

√	序号	作业内容	作业人员
	1	工作负责人，负责正确安全组织工作	
	2	杆塔上电工，负责安装防鸟刺	
	3	地面电工，负责传递防鸟刺	

4. 作业程序

4.1 开工

√	序号	内容	作业人员签字
	1	工作负责人办理第一种工作票	
	2	工作负责人组织全体工作人员在现场列队宣读工作票，交代工作任务、安全措施、注意事项，工作班成员确认后并进行签字，工作负责人发布开始工作的命令	

4.2 作业内容及标准

√	序号	作业内容	作业步骤及标准	安全措施 注意事项	责任人签字
	1	检查工具	1. 正确佩戴个人安全用具：大小合适，锁扣自如。由负责人监督检查。 2. 派专人对所需工具进行测量，检查工具数量	1. 绝缘工具使用前，应仔细检查其是否损坏、变形、失灵。 2. 认真检查安全带和登杆塔工具，是否损坏、变形、失灵	
	2	登杆塔	1. 杆塔上电工携带传递绳登塔。 2. 在横担作业的适当位置系好安全带，并将传递绳上的滑车装好	1. 登杆塔前，应认真核对线路的双重称号，以防误登杆塔。 2. 检查爬梯或脚钉是否紧固；是否有冰、霜、雪等。 3. 在登杆塔的过程中必须蹬稳抓牢，手脚协调。 4. 选择滑车的挂点，是否有利于工具材料的上下传递。 5. 在登塔作业时，作业人员应正确使用个人防护用品及安全工器具	

续表

√	序号	作业内容	作业步骤及标准	安全措施 注意事项	责任人签字
	3	安装	1. 作业人员对照安装示意图加装防鸟刺，原有防鸟刺安装位置不合适的进行调整。 2. 防鸟刺底座卡具安装牢固后，调整倾倒装置，将防鸟刺处于直立状态，并将防鸟刺针刺散开城扇状，扇面角度不小于150°。 3. 针刺全部打开后相邻防鸟刺之间间隙不大于10cm	1. 杆塔上下传递工具、材料时，绳扣应绑扎正确可靠。 2. 杆塔作业点下方严禁有人逗留或者通过。 3. 在杆塔上作业转位时，不得失去安全带保护	
	4	返回地面	要平稳下杆塔，手脚协调		

4.3 竣工

√	序号	内容	负责人员签字
	1	清理现场及工具，认真检查杆塔上有无留遗物，工作负责人全面检查工作完成情况，无误后撤离现场，做到人走场清	
	2	终结工作票	

4.4 消缺记录

√	序号	缺陷内容
	1	见附表
	2	

5. 验收程序

5.1 验收人员要求

√	序号	内容	责任人	备注
	1	验收人员身体健康、精神状态良好		
	2	具备必要的电气知识，本年度《安规》考试合格，有一定现场运行经验、熟悉《110kV ～ 750kV 架空输电线路施工及验收规范》和《架空输电线路防鸟装置技术规范》		
	3	掌握防鸟刺验收及检验的方法		

5.2 验收工器具

√	序号	名称	型号 / 规格	单位	数量	备注
	1	全方位安全带		根		
	2	安全帽		个		
	3	笔记本、笔				
	4	卷尺	5m	根		
	5	游标卡尺	200mm	把		
	6	钳子		把		
	7	扳手	12 寸	把		
	8	数码照相机		台		

5.3 验收总结

序号	检修总结	
1	验收评价	

续表

序 号	检 修 总 结	
2	存在问题及处理意见	

5.4 线路验收缺陷统计表

验收人：　　　　　　　　　　　　验收日期：

杆 号	缺陷内容	备 注

5.5 指导书执行情况评估

评估内容	符合性	优		可操作项	
		良		不可操作项	
评估内容	可操作性	优		修改项	
		良		遗漏项	
存在问题					
改进意见					

附 7

编号：

110 ~ 330kV××线路猫头塔防鸟刺安装及验收作业指导书

批准：　　　　年　　月　　日

审核：　　　　年　　月　　日

编写：　　　　年　　月　　日

工作负责人：　　　　　　　　作业班成员：

作业日期：______年_____月_____日_____时　至　______年_____月_____日_____时

国网×××电力有限公司

1. 适用范围

适用于 110 ～ 330kV 输电线路猫头塔防鸟刺安装和验收工作。

2. 引用文件

GB 50233《110kV ～ 750kV 架空输电线路施工及验收规范》

DL/T 741《架空输电线路运行规程》

Q/GDW 1799.2《国家电网公司电力安全工作规程（线路部分）》

Q/GDW 12075-2020《架空输电线路防鸟装置技术规范》

3. 作业前准备

3.1 准备工作安排

√	序 号	内 容	标 准	责任人	备 注
	1	现场勘察	杆塔周围环境，杆塔状况，地形状况等。判断能否具备作业条件		
	2	查阅有关资料	了解本基杆塔资料，根据杆塔资料，确定需要填写的工作票种类、使用的材料和工器具的数量及型号		
	3	确定防鸟刺安装标准	1. 确定防鸟刺规格；校核横担上加装防鸟刺后防鸟刺与导线的电气安全距离。在安全的前提下选择合适的防鸟刺规格，确定防鸟刺针刺数量、直径、长度等。 2. 防鸟刺安装应采用专用夹具，专用夹具使用 4.8 级 M12×40、M16×40 热镀锌螺栓连接紧固，紧固螺栓应采取可靠的防松措施，并可顺利拆除。 3. 确定防鸟刺规格：校核横担上加装防鸟刺后防鸟刺与导线的电气安全距离应≥ 1.8m。在安全的前提下选择合适的防鸟刺规格，确定防鸟刺针刺数量、直径、长度等。		

续表

√	序号	内容	标准	责任人	备注
	3	确定防鸟刺安装标准	4. 确定防护半径：110kV 线路导线以挂点正上方为中心防鸟刺防护半径不小于 0.6 m；220kV 线路防护半径不小于 0.8m；330kV 线路防护半径不小于 1.2 m。 5. 确定安装位置：猫头塔边横担只在下平面主材及辅材上安装，中横担在上平面和下平面主材及辅材上均安装；地线只在支架上安装；依据防护原则确定安装数量：在防护半径范围内的所有塔材上方均应被防鸟刺有效覆盖，箱梁式横担防护半径内的上下平面所有塔材均应被有效防护。猫头塔中相横担不少于 13 支，各边相横担不少于 6 支，地线横担不少于 2 支；220kV 线路猫头塔安装数量：总数 36 支，中相横担上盖不少于 13 支，下盖不少于 14 支，边横担下盖不少于 7 支，地线支架每相不小于 1 ～ 2 支；330kV 线路单回路猫头塔中相横担上平面安装数量不少于 16 支；下横担在挂点两侧交叉材各安装数量不少于 8 支；边相横担下平面安装数量不少于 6 支；地线横担支架处加装 1 支。 6. 防鸟刺钢丝应在各个方向均匀打开，外侧钢丝对中心铅垂线夹角应为 45° ～ 60° ，使其达到最佳防护效果		
	4	典型杆塔安装参考图	猫头塔（以 220kV 为例）： 1. 中相横担上盖不少于 13 支，其中蓝色虚线 3 支鸟刺为向下安装： 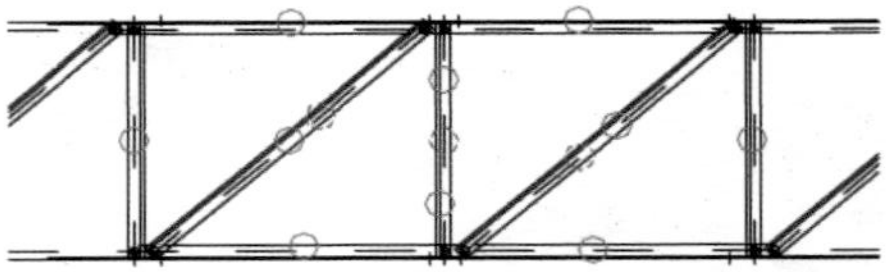 2. 中相横担下盖不少于 14 支： 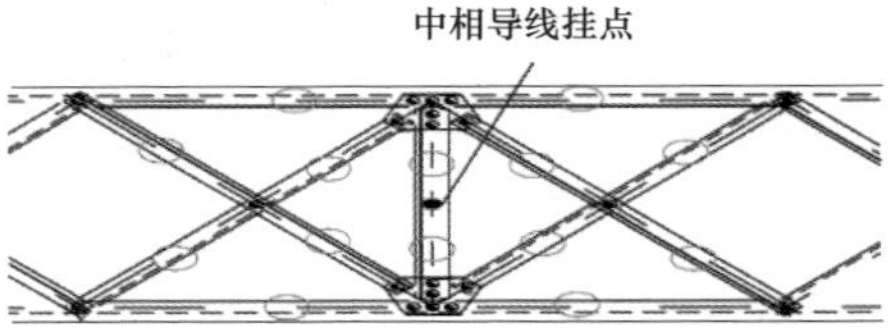 中相导线挂点		

续表

√	序 号	内 容	标 准	责任人	备 注
	4	典型杆塔安装参考图	3. 边横担下盖不少于 7 支：		
	5	了解现场气象条件	判断是否符合《安规》的要求		
	6	组织现场作业人员学习作业指导书	掌握整个操作程序，理解工作任务及操作中的危险点及控制措施		

3.2 人员要求

√	序 号	内 容	责任人	备 注
	1	作业人员必须持有有效资格证及上岗证		
	2	作业人员周期身体检查合格、精神状态良好		
	3	安规考试合格		

3.3 工器具

√	序 号	名 称	型 号	单 位	数 量	备 注
	1	传递绳	$\phi 12 \times 100$ m	套	1	依据杆塔高调整
	2	滑车	1t	套	1	

续表

√	序 号	名 称	型 号	单 位	数 量	备 注
	3	无极绳圈	$\phi 12 \times 1$ m	套	1	
	4	防潮帆布	6 m × 6 m			
	5	工具包				
	6	全方位安全带		副	2	
	7	扳手	10 寸	把	1	
	8	扳手	12 寸	把	1	

注 以上工器具机械及电气性能均应满足《安规》要求，按期进行了预防性试验及检查性试验的合格工器具。

3.4 材料

√	序 号	名 称	型 号	单 位	数 量	备 注
	1	防鸟刺	长短结合，500mm、600mm、700mm	套		

3.5 危险点分析

√	序 号	内 容
	1	登塔时、塔上作业时违反安规进行操作，可能引起高空坠落
	2	工器具及材料坠落，可能对地面人员造成伤害
	3	作业时感应电对作业人员造成伤

3.6 安全措施

√	序　号	内　容
	1	如遇雷、雨、雪、雾、风力大于 5 级时，应停止露天高处作业
	2	在杆、塔上工作，必须使用安全带和戴安全帽。在杆塔上作业转位时，不得失去安全带保护。登塔平稳，手脚不乱，安全带系在牢固部件上并且位置合理，便于作业
	3	作业必须设专人监护，监护人不得直接操作。监护的范围不得超过一个作业点
	4	使用工具前，应仔细进行外观检查
	5	地面人员严禁在作业点坠落半径内活动。塔上人员应防止工器具及材料坠落，使用的工具、材料应用绳索传递

3.7 作业分工

√	序号	作业内容	作业人员
	1	工作负责人，负责正确安全组织工作	
	2	杆塔上电工，负责安装防鸟刺	
	3	地面电工，负责传递防鸟刺	

4. 作业程序

4.1 开工

√	序　号	内　容	作业人员签字
	1	工作负责人办理第一种工作票	
	2	工作负责人组织全体工作人员在现场列队宣读工作票，交代工作任务、安全措施、注意事项，工作班成员确认后并进行签字，工作负责人发布开始工作的命令	

4.2 作业内容及标准

√	序号	作业内容	作业步骤及标准	安全措施 注意事项	责任人签字
	1	检查工具	1. 正确佩戴个人安全用具：大小合适，锁扣自如。由负责人监督检查。 2. 派专人对所需工具进行测量，检查工具数量	1. 绝缘工具使用前，应仔细检查其是否损坏、变形、失灵。 2. 认真检查安全带和登杆塔工具，是否损坏、变形、失灵	
	2	登杆塔	1. 杆塔上电工携带传递绳登塔。 2. 在横担作业的适当位置系好安全带，并将传递绳上的滑车装好	1. 登杆塔前，应认真核对线路的双重称号，以防误登杆塔。 2. 检查爬梯或脚钉是否紧固；是否有冰、霜、雪等。 3. 在登杆塔的过程中必须蹬稳抓牢，手脚协调。 4. 选择滑车的挂点，是否有利于工具材料的上下传递。 5. 在登塔作业时，作业人员应正确使用个人防护用品及安全工器具	
	3	安装	1. 作业人员对照安装示意图加装防鸟刺，原有防鸟刺安装位置不合适的进行调整。 2. 防鸟刺底座卡具安装牢固后，调整倾倒装置，将防鸟刺处于直立状态，并将防鸟刺针刺散开城扇状，扇面角度不小于 150°。 3. 针刺全部打开后相邻防鸟刺之间间隙不大于 10cm	1. 杆塔上下传递工具、材料时，绳扣应绑扎正确可靠。 2. 杆塔作业点下方严禁有人逗留或者通过。 3. 在杆塔上作业转位时，不得失去安全带保护	
	4	返回地面	要平稳下杆塔，手脚协调		

4.3 竣工

√	序号	内容	负责人员签字
	1	清理现场及工具，认真检查杆塔上有无留遗物，工作负责人全面检查工作完成情况，无误后撤离现场，做到人走场清	
	2	终结工作票	

4.4 消缺记录

√	序号	缺陷内容
	1	见附表
	2	

5. 验收程序

5.1 验收人员要求

√	序号	内容	责任人	备注
	1	验收人员身体健康、精神状态良好		
	2	具备必要的电气知识，本年度《安规》考试合格，有一定现场运行经验、熟悉《110kV ～ 750kV 架空输电线路施工及验收规范》和《架空输电线路防鸟装置技术规范》		
	3	掌握防鸟刺验收及检验的方法		

5.2 验收工器具

√	序　号	名　称	型号 / 规格	单　位	数　量	备　注
	1	全方位安全带		根		
	2	安全帽		个		
	3	笔记本、笔				
	4	卷尺	5m	根		
	5	游标卡尺	200mm	把		
	6	钳子		把		
	7	扳手	12 寸	把		
	8	数码照相机		台		

5.3 验收总结

序　号	检　修　总　结	
1	验收评价	
2	存在问题及处理意见	

5.4 线路验收缺陷统计表

验收人：　　　　　　　　　　验收日期：

杆　号	缺陷内容	备　注

5.5 指导书执行情况评估

评估内容	符合性	优		可操作项	
		良		不可操作项	
	可操作性	优		修改项	
		良		遗漏项	
存在问题					
改进意见					

附 8

编号：

110 ~ 220kV×× 线路双回耐张钢管杆防鸟刺安装及验收作业指导书

批准：　　　年　　月　　日

审核：　　　年　　月　　日

编写：　　　年　　月　　日

工作负责人：　　　　　　　　作业班成员：

作业日期：______年_____月_____日_____时 至 ______年_____月_____日_____时

国网 ××× 电力有限公司

1. 适用范围

适用于 110 ～ 220kV 输电线路双回路耐张钢管杆防鸟刺安装和验收工作。

2. 引用文件

GB 50233《110kV ～ 750kV 架空输电线路施工及验收规范》
DL/T 741《架空输电线路运行规程》
Q/GDW 1799.2《国家电网公司电力安全工作规程（线路部分）》
Q/GDW 12075–2020《架空输电线路防鸟装置技术规范》

3. 作业前准备

3.1 准备工作安排

√	序号	内容	标准	责任人	备注
	1	现场勘察	杆塔周围环境，杆塔状况，地形状况等。判断能否具备作业条件		
	2	查阅有关资料	了解本基杆塔资料，根据杆塔资料，确定需要填写的工作票种类和使用的材料和工器具的数量级型号		
	3	确定防鸟刺安装标准	1. 确定防鸟刺规格；校核横担上加装防鸟刺后防鸟刺与导线的电气安全距离。在安全的前提下选择合适的防鸟刺规格，确定防鸟刺针刺数量、直径、长度等。 2. 确定防护半径：110kV 线路导线以挂点正上方为中心防鸟刺防护半径不小于 0.6m；220kV 线路防护半径不小于 0.8m。 3. 确定安装位置：双回路耐张钢杆各相导线正上方横担平面上均匀安装。所有杆形地线支架选择位置安装。		

续表

√	序号	内容	标准	责任人	备注
	3	确定防鸟刺安装标准	4. 依据防护原则确定安装数量：双回路耐张钢杆每相横担不少于3支，地线横担不少于2支。220kV线路双回钢管直线塔安装数量：总数31支，每相横担安装5支，其中：爬梯两侧各安装2支，挂点上方施工孔安装1支；地线支架每相不小于1～2支。安装的具体数量依据横担结构确定，防鸟刺安装质量必须满足导线正上方保护范围内防止鸟类停留活动。在防护半径范围内的所有杆塔横担上方均应被防鸟刺有效覆盖。 5. 防鸟刺钢丝应在各个方向均匀打开，外侧钢丝对中心铅垂线夹角应为45°～60°，使其达到最佳防护效果		
	4	参考典型杆塔安装图制作防鸟刺安装示意图			
	5	了解现场气象条件	判断是否符合《安规》的要求		
	6	组织现场作业人员学习作业指导书	掌握整个操作程序，理解工作任务及操作中的危险点及控制措施		

3.2 人员要求

	序号	内容	责任人	备注
	1	作业人员必须持有有效资格证及上岗证		
	2	作业人员周期身体检查合格、精神状态良好		
	3	《安规》考试合格		

3.3 工器具

√	序号	名称	型号	单位	数量	备注
	1	绝缘传递绳	$\phi 12 \times 100$ m	套	1	依据杆塔高调整
	2	绝缘滑车	1t	套	1	
	3	绝缘无极绳圈	$\phi 12 \times 1$ m	套	1	
	4	防潮帆布	6 m × 6 m			
	5	工具包				
	6	全方位安全带		副	1	
	7	扳手	10 寸	把	1	
	8	扳手	12 寸	把	1	

注 以上工器具机械强度均应满足安规要求，是按期进行了预防性试验及检查性试验的合格工器具。

3.4 材料

√	序号	名称	型号	单位	数量	备注
	1	防鸟刺	700mm	套		以及配套支架和螺栓

3.5 危险点分析

√	序号	内容
	1	登塔时、塔上作业时违反《安规》进行操作，可能引起高空坠落
	2	工器具及材料坠落，可能对地面人员造成伤害
	3	作业时感应电对作业人员可能造成伤害
	4	作业人员误入带电侧横担，可能造成触电伤害

3.6 安全措施

√	序 号	内 容
	1	如遇雷、雨、雪、雾、风力大于 5 级时应停止露天高处作业
	2	在杆、塔上工作，必须使用安全带和戴安全帽。在杆塔上作业转位时，不得失去安全带保护。登塔平稳，手脚不乱，安全带系在牢固部件上并且位置合理，便于作业
	3	作业必须设专人监护，监护人不得直接操作。监护的范围不得超过一个作业点
	4	使用工具前，应仔细检查其是否损坏、变形、失灵
	5	地面人员严禁在作业点垂直下方活动。塔上人员应防止工器具及材料坠落，使用的工具、材料应用绳索传递

3.7 作业分工

√	序 号	作业内容	分组负责人	作业人员
	1	工作负责人，负责正确安全组织工作		
	2	杆塔上电工，负责安装 防鸟刺		
	3	地面电工，负责传递防鸟刺		

4. 作业程序

4.1 开工

√	序 号	内 容	作业人员签字
	1	工作负责人办理第一种工作票	
	2	工作负责人组织全体工作人员在现场列队宣读工作票，交代工作任务、安全措施、注意事项，工作班成员确认后并进行签字，工作负责人发布开始工作的命令	

4.2 作业内容及标准

√	序号	作业内容	作业步骤及标准	安全措施注意事项	责任人签字
	1	检查工具	1．正确佩戴带个人安全用具：大小合适，锁扣自如。由负责人监督检查。 2．派专人对所需工具进行检测，检查工具量	绝缘工具、安全工器具等使用前，应仔细进行外观检查	
	2	登杆塔	1．杆塔上电工携带绝缘传递绳登塔。 2．在横担作业的适当位置系好安全带和延长绳，并将绝缘滑车及绝缘传递绳设置在适当位置	1．登杆塔前，应认真核对线路的双重称号，以防误登杆塔。 2．检查爬梯或脚钉是否紧固；是否有冰、霜、雪等。 3．在登杆塔的过程中必须蹬稳抓牢，手脚协调。 4．选择滑车的挂点，是否有利于工具材料的上下传递。 5．在登塔作业时，作业人员应正确使用个人防护用品及安全工器具	
	3	安装	1．作业人员对照安装示意图加装防鸟刺，并将原有防鸟刺安装位置不合适的进行调整，相邻防鸟刺相互之间距离不大于500mm。 2．防鸟刺底座支架安装牢固后，调整倾倒装置，将防鸟刺处于直立状态，并将防鸟刺针刺散开成扇状，扇面角度不小于150°。 3．针刺全部打开后相邻防鸟刺之间针刺必须形成交叉状态	1．杆塔上下传递工具、材料时，绳扣应绑扎正确可靠。 2．杆塔作业点下方严禁有人逗留或者通过。 3．在杆塔上作业转位时，不得失去安全带保护	
	4	返回地面	要平稳下杆塔，手脚协调		

4.3 竣工

√	序号	内容	负责人员签字
	1	清理现场及工具，认真检查杆塔上有无留遗物，工作负责人全面检查工作完成情况，无误后撤离现场，做到人走场清	
	2	终结工作票	

4.4 消缺记录

√	序号	缺陷内容
	1	见附表
	2	

5. 验收程序

5.1 验收人员要求

√	序号	内容	责任人	备注
	1	验收人员身体健康、精神状态良好		
	2	具备必要的电气知识，本年度《安规》考试合格，有一定现场运行经验、熟悉《110kV～750kV架空输电线路施工及验收规范》和《架空输电线路防鸟装置技术规范》		
	3	掌握防鸟刺验收及检验的方法		

5.2 验收工器具

√	序号	名称	型号/规格	单位	数量	备注
	1	全方位安全带		根		

续表

√	序号	名称	型号 / 规格	单位	数量	备注
	2	安全帽		个		
	3	笔记本、笔				
	4	卷尺	5m	根		
	5	游标卡尺	200mm	把		
	6	钳子		把		
	7	扳手	12 寸	把		
	8	数码照相机		台		

5.3 验收总结

序号	检修总结	
1	验收评价	
2	存在问题及处理意见	

5.4 线路验收缺陷统计表

验收人：　　　　　　　　　　验收日期：

杆号	缺陷内容	备注

5.5 指导书执行情况评估

<table>
<tr><td rowspan="4">评估内容</td><td rowspan="2">符合性</td><td>优</td><td></td><td>可操作项</td><td></td></tr>
<tr><td>良</td><td></td><td>不可操作项</td><td></td></tr>
<tr><td rowspan="2">可操作性</td><td>优</td><td></td><td>修改项</td><td></td></tr>
<tr><td>良</td><td></td><td>遗漏项</td><td></td></tr>
<tr><td>存在问题</td><td></td><td></td><td></td><td></td><td></td></tr>
<tr><td>改进意见</td><td></td><td></td><td></td><td></td><td></td></tr>
</table>

附 9

编号：

110 ~ 220kV × × 线路双回直线钢管杆防鸟刺安装及验收作业指导书

批准：　　　　年　　　月　　　日

审核：　　　　年　　　月　　　日

编写：　　　　年　　　月　　　日

工作负责人：　　　　　　　　　　作业班成员：

作业日期：_______年_____月_____日_____时 至 _______年_____月_____日_____时

国网 × × × 电力有限公司

1. 适用范围

适用于 110 ～ 220kV 输电线路双回直线钢管杆防鸟刺安装和验收工作。

2. 引用文件

GB 50233《110kV ～ 750kV 架空输电线路施工及验收规范》
DL/T 741《架空输电线路运行规程》
Q/GDW 1799.2《国家电网公司电力安全工作规程（线路部分）》
Q/GDW 12075-2020《架空输电线路防鸟装置技术规范》

3. 作业前准备

3.1 准备工作安排

√	序号	内容	标准	责任人	备注
	1	现场勘察	杆塔周围环境，杆塔状况，地形状况等。判断能否具备作业条件		
	2	查阅有关资料	了解本基杆塔资料，根据杆塔资料，确定需要填写的工作票种类、使用的材料和工器具的数量及型号		
	3	确定防鸟刺安装标准	1. 防鸟刺安装应采用专用夹具，专用夹具使用 4.8 级 M12×40、M16×40 热镀锌螺栓连接紧固，紧固螺栓应采取可靠的防松措施，并可顺利拆除，确定防鸟刺规格：校核横担上加装防鸟刺后防鸟刺与导线的电气安全距离应≥1.8m。在安全的前提下选择合适的防鸟刺规格，确定防鸟刺针刺数量、直径、长度等。 2. 确定防护半径：110kV 线路导线以挂点正上方为中心防鸟刺防护半径不小于 0.6m；220kV 线路防护半径不小于 0.8m。 3. 确定安装位置：双回路直线塔各相导线正上方横担平面上均匀安装。所有杆形地线支架选择位置安装。 4. 依据防护原则确定安装数量：110kV 双回路直线塔每相横担不少于 6 支，地线横担不少于 2 支。220kV 线路双回钢管直线塔安装数量：总数		

续表

√	序　号	内　容	标　准	责任人	备　注
	3	确定防鸟刺安装标准	31 支，每相横担安装 5 支，其中：爬梯两侧各安装 2 支，挂点上方施工孔安装 1 支；地线支架每相不小于 1～2 支。安装的具体数量依据横担结构确定，防鸟刺安装质量必须满足导线正上方保护范围内防止鸟类停留活动。在防护半径范围内的所有杆塔横担上方均应被防鸟刺有效覆盖。 5. 防鸟刺钢丝应在各个方向均匀打开，外侧钢丝对中心铅垂线夹角应为 45°～60°，使其达到最佳防护效果		
	4	参考典型杆塔安装图制作防鸟刺安装示意图	1. 双回钢管直线塔防鸟刺安装示意图： 2. 施工孔防鸟刺安装示意图： 		

续表

√	序　号	内　容	标　准	责任人	备　注
	5	了解现场气象条件	判断是否符合《安规》的要求		
	6	组织现场作业人员学习作业指导书	掌握整个操作程序，理解工作任务及操作中的危险点及控制措施		

3.2 人员要求

√	序　号	内　容	责任人	备　注
	1	作业人员必须持有有效资格证及上岗证		
	2	作业人员周期身体检查合格、精神状态良好		
	3	《安规》考试合格		

3.3 工器具

√	序　号	名　称	型号 / 规格	单　位	数　量	备　注
	1	全方位安全带		根		
	2	安全帽		个		
	3	笔记本、笔				
	4	卷尺	5m	根		
	5	游标卡尺	200mm	把		
	6	钳子		把		
	7	扳手	12 寸	把		
	8	数码照相机		台		

3.4 危险点分析

√	序　号	内　容
	1	攀登杆塔时由于脚钉松动或没有抓稳踏牢，或脚扣打滑会发生高空坠落
	2	安全带没有系在牢固构件上或没有系好安全带易发生高空坠落
	3	线路有感应电伤人

3.5 安全措施

√	序　号	内　容
	1	如遇雷、雨、雪、雾不得进行带电作业，风力大于 5 级及空气相对湿度大于 80% 时，不得进行带电作业
	2	验收人员对所使用的所有各种工器具进行检查是否完备好用
	3	作业必须设专人监护，监护人不得直接操作。监护的范围不得超过一个作业点
	4	验收负责人要向全体作业人员认真宣读工作票
	5	工作人员必须着装整齐，正确佩戴好安全帽，各级人员应佩戴相应的标志
	6	工作人员在上下塔时要精力集中、稳上稳下
	7	塔上验收人员转移位置时不得失去安全带的保护

3.6 作业分工

√	序　号	作业内容	作业人员
	1	工作负责人	
	2	杆塔上负责 防鸟刺验收工作电工	

4. 作业程序

4.1 开工

√	序　号	内　容	作业人员签字
	1	进入现场	
	2	工作负责人组织人员学习工作票和危险点，落实危险点控制措施，工作负责人对工作班成员进行提问，工作班成员签名	
	3	接到工作许可命令，办理许可手续	

4.2 作业内容及标准

√	序　号	作业项目	验收内容	安全措施注意事项	验收标准	责任人签字
	1	通用部分	1. 安装的紧固程度。 2. 紧固螺栓的防松措施。 3. 安装工艺和质量。 4. 防护范围	1. 攀登杆塔注意稳上稳下。 2. 使用合格的安全带。 3. 安全带要系在铁塔的牢固构件上。 4. 转移位置时，不得失去安全带的保护。 5. 在工作中使用的工具必须用绳索传递，不得抛扔。 6. 工作人员必须正确佩戴好安全帽。 7. 工作监护人要认真监护	1. 防鸟刺安装应采用专用夹具，专用夹具使用 4.8 级 M12×40、M16×40 热镀锌螺栓连接紧固，紧固螺栓应采取可靠的防松措施，并可顺利拆除。 2. 确定防鸟刺规格：校核横担上加装防鸟刺后防鸟刺与导线的电气安全距离 应≥ 1.8m。在安全的前提下选择合适的防鸟刺规格，确定防鸟刺针刺数量、直 径、长度等。 3. 确定防护半径：220kV 线路防护半径不小于 1.2m。 4. 确定安装位置：双回钢管直线塔需采用专用夹具的防鸟刺，安装在挂点板和爬梯上，地线只在支架上安装。 5. 依据防护原则确定安装数量：在防护半径范围内的所有塔材上方均应被防鸟刺有效覆盖。220kV 线路双回钢管直线塔安装数量：总数 31 支，每相横担安 装 5 支，其中：爬梯两侧各安装 2 支，挂点上方施工孔安装 1 支；地线支架每相不小于 1 ～ 2 支	

续表

√	序　号	作业项目	验收内容	安全措施注意事项	验收标准	责任人签字
	2	刺体打开情况	刺针间距与打开角度	1. 攀登杆塔注意稳上稳下。 2. 使用合格的安全带。 3. 安全带要系在铁塔的牢固构件上。 4. 转移位置时，不得失去安全带的保护。 5. 在工作中使用的工具必须用绳索传递，不得抛扔。 6. 工作人员必须正确佩戴好安全帽。 7. 工作监护人要认真监护	1. 防鸟刺安装应根据防鸟刺的长度和安装位置合理调整间距。 2. 直刺防鸟刺安装完成后应完全打开，打开扇面角度不小于 150°，打开后相邻防鸟刺针刺之间间隙不大于 10cm，鼓形弹簧针刺打开后呈球状，能够有效防止鸟类进入防护范围	
	3	与带电体之间的电气距离	安全距离要求		220kV 线路防鸟刺与上层带电导线的安全距离不小于 1.8 m	

4.3 竣工

√	序　号	内　容	负责人员签字
	1	清理现场及工具，认真检查杆塔上有无留遗物，工作负责人全面检查工作完成情况，无误后撤离现场，做到人走场清	
	2	终结工作票	

4.4 消缺记录

√	序　号	缺陷内容
	1	见附表
	2	

5. 验收程序

5.1 验收人员要求

√	序号	内容	责任人	备注
	1	验收人员身体健康、精神状态良好		
	2	具备必要的电气知识，本年度《安规》考试合格，有一定现场运行经验、熟悉《110kV ～ 750kV 架空输电线路施工及验收规范》和《架空输电线路防鸟装置技术规范》		
	3	掌握防鸟刺验收及检验的方法		

5.2 验收工器具

√	序号	名称	型号 / 规格	单位	数量	备注
	1	全方位安全带		根		
	2	安全帽		个		
	3	笔记本、笔				
	4	卷尺	5m	根		
	5	游标卡尺	200mm	把		
	6	钳子		把		
	7	扳手	12 寸	把		
	8	数码照相机		台		

5.3 验收总结

序　号	检　修　总　结	
1	验收评价	
2	存在问题及处理意见	

5.4 线路验收缺陷统计表

验收人：　　　　　　　　　　　　　　验收日期：

杆　号	缺陷内容	备　注

5.5 指导书执行情况评估

评估内容	符合性	优		可操作项	
		良		不可操作项	
	可操作性	优		修改项	
		良		遗漏项	
存在问题					
改进意见					

附 10

编号：

110 ~ 330kV×× 线路防鸟挡板安装及验收作业指导书

批准：　　年　　月　　日

审核：　　年　　月　　日

编写：　　年　　月　　日

工作负责人：　　　　作业班成员：

作业日期：_______年_____月_____日_____时　至　_______年_____月_____日_____时

国网 ××× 电力有限公司

1. 适用范围

适用于 110 ～ 330kV 输电线路防鸟挡板安装和验收工作。

2. 引用文件

GB 50233《110kV ～ 750kV 架空输电线路施工及验收规范》
DL/T 741《架空输电线路运行规程》
Q/GDW 1799.2《国家电网公司电力安全工作规程（线路部分）》
Q/GDW 12075–2020《架空输电线路防鸟装置技术规范》

3. 作业前准备

3.1 准备工作安排

√	序号	内容	标准	责任人	备注
	1	现场勘察	杆塔周围环境，杆塔状况，地形状况等。判断是否具备作业条件		
	2	查阅有关资料	了解本基杆塔资料，根据杆塔资料，确定需要填写的工作票种类和使用的材料和工器具的数量级型号		
	3	防鸟档板安装技术要求	1. 防鸟挡板安装后，杆塔荷载不应超过设计要求。 2. 防鸟挡板外形尺寸按照横担宽度结构设计制作，防鸟挡板的宽度大于横担宽度 50mm。 3. 防鸟挡板安装在横担上，与横担挂接牢固，固定支架使用 4.8 级 M16×40 镀锌螺栓连接紧固，紧固螺栓可采用双螺母，并加装防松动锁止螺母及平垫和弹簧垫圈。 4. 防鸟挡板每块配备 4 套固定支架，当防鸟挡板规格大于 1.2m（宽）×1.6m（长）时每块挡板须增加两套固定支架。专用夹具的尺寸应根据安装塔材尺寸确定		

续表

√	序　号	内　容	标　准	责任人	备　注
	4	防鸟挡板安装标准	1．确定防鸟挡板规格；校核横担上加装防鸟挡板后防鸟挡板与导线的电气安全距离。在安全的前提下选择合适的防鸟挡板规格，确定防鸟挡板直径、长度等。 2．确定防护半径：110kV 线路防护半径不小于 0.6m；220kV0.8m；330kV 线路防护半径不小于 1.2m。 3．依据防护原则确定安装防鸟挡板直径、长度：在防护半径范围内的所有杆塔挂点上方均应被防鸟挡板有效覆盖。根据每相横担的直径、长度来确定防鸟挡板的直径、长度。330kV 线路单回路直线塔中相横担下平面以绝缘子挂点为中心进行安装，挡板宽度应每侧超出横担宽度 5cm；边相横担以挡板宽度应每侧超出横担宽度 5cm 为准进行安装。 4．防鸟挡板固定或连接方式应综合考虑防风、防冰和防积水等要求，安装后，防鸟挡板应不磨损复合绝缘子芯棒，挡板的导线正上方侧应略高，与水平面成 10°～15° 倾斜角，防止积水，并且应满足带电、带电检修时不影响操作		
	5	参考典型杆塔安装图制作防鸟挡板安装示意图（以猫头塔为例）	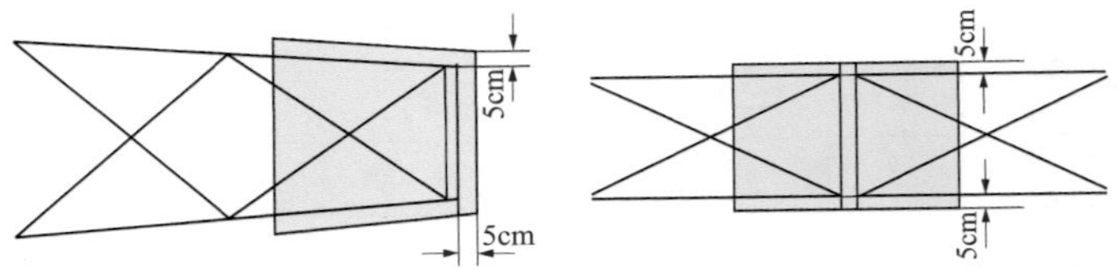		
	6	了解现场气象条件	判断是否符合《安规》的要求		
	7	组织现场作业人员学习作业指导书	掌握整个操作程序，理解工作任务及操作中的危险点及控制措施		

3.2 人员要求

√	序号	内容	责任人	备注
	1	作业人员必须持有有效资格证及上岗证		
	2	作业人员周期身体检查合格、精神状态良好		
	3	《安规》考试合格		

3.3 工器具

√	序号	名称	型号	单位	数量	备注
	1	传递绳	ϕ12×100 m	套	1	依据杆塔高度调整
	3	无极绳圈	ϕ12×1 m	套	1	
	4	延长绳	1.8 m	条	2	
	5	防潮帆布	6 m×6 m	块	1	
	6	工具包				
	7	全方位安全带		副	2	
	8	扳手	10寸	把	2	
	9	扳手	12寸	把	2	

注 以上工器具机械及电气强度均应满足安规要求，是按期进行了预防性试及检查性试验的合格工器具。

3.4 材料

√	序号	名称	型号	单位	数量	备注
	1	防鸟挡板		套		以及配套挂钩、支架和螺栓

3.5 危险点分析

√	序　号	内　容
	1	登塔时、塔上作业时违反安规进行操作，可能引起高空坠落
	2	作业时感应电对作业人员造成伤害

3.6 安全措施

√	序　号	内　容
	1	如遇雷、雨、雪、雾、风力大于 5 级时，应停止露天高处作业
	2	在杆、塔上工作，必须使用安全带和戴安全帽。在杆塔上作业转位时，不得失去安全带保护。登塔平稳，手脚不乱，安全带系在牢固部件上并且位置合理，便于作业
	3	作业必须设专人监护，监护人不得直接操作。监护的范围不得超过一个作业点
	4	使用工具前，应仔细进行外观检查
	5	地面人员严禁在作业点坠落半径内活动。塔上人员应防止工器具及材料坠落，使用的工具、材料应用绳索传递

3.7 作业分工

√	序　号	作业内容	分组负责人	作业人员
	1	工作负责人，负责正确安全组织工作		
	2	杆塔上电工 2 名，负责安装防鸟挡板		
	3	地面电工 2 名，负责传递防鸟挡板		

4. 作业程序

4.1 开工

√	序号	内容	作业人员签字
	1	工作负责人办理第一种工作票	
	2	工作负责人组织全体工作人员在现场列队宣读工作票，交代工作任务、安全措施、注意事项，工作班成员确认后并进行签字，工作负责人发布开始工作的命令	

4.2 作业内容及标准

√	序号	作业内容	作业步骤及标准	安全措施注意事项	责任人签字
	1	检查工具	1. 正确佩戴个人安全用具：大小合适，锁扣自如。由负责人监督检查。 2. 派专人对所需工具进行测量，检查工具数量	安全工器具等使用前，应仔细进行外观检查	
	2	登杆塔	1. 杆塔上电工携带传递绳登塔。 2. 在横担作业的适当位置系好安全带和延长绳，并将绝缘滑车及绝缘传递绳设置在适当位置	1. 登杆塔前，应认真核对线路的双重称号，以防误登杆塔。 2. 检查爬梯或脚钉是否紧固；是否有冰、霜、雪等。 3. 在登杆塔的过程中必须蹬稳抓牢，手脚协调。 4. 选择滑车的挂点，是否有利于工具材料的上下传递。 5. 在登塔作业时，作业人员应正确使用个人防护用品及安全工器具	

续表

√	序号	作业内容	作业步骤及标准	安全措施注意事项	责任人签字
	3	安装	1. 地面作业人员对照组装示意图组装防鸟挡板及配塔上电工按照安装要求将防鸟挡板底座卡具安装牢固后，调整安装位置，将防鸟挡板处于吊点正上方，并将防鸟挡板的螺栓紧固。 3. 防鸟挡板应比该相横担宽出 50mm	1. 杆塔上下传递工具、材料时，绳扣应绑扎正确可靠。 2. 杆塔作业点下方严禁有人逗留或者通过。 3. 在杆塔上作业转位时，不得失去安全带保护	
	4	返回地面	确认杆塔及横担上无遗留物	作业人员应手脚协调，平稳下杆塔	

4.3 竣工

√	序 号	内 容	负责人员签字
	1	清理现场及工具，认真检查杆塔上有无留遗物，工作负责人全面检查工作完成情况，无误后撤离现场，做到人走场清	
	2	终结工作票	

4.4 消缺记录

√	序 号	缺陷内容
	1	见附表
	2	

5. 验收程序

5.1 验收人员要求

√	序号	内容	责任人	备注
	1	验收人员身体健康、精神状态良好		
	2	具备必要的电气知识，本年度《安规》考试合格，有一定现场运行经验、熟悉《110kV～750kV架空输电线路施工及验收规范》和《架空输电线路防鸟装置技术规范》		
	3	掌握防鸟挡板验收及检验的方法		

5.2 验收工器具

√	序号	名称	型号/规格	单位	数量	备注
	1	全方位安全带		根		
	2	安全帽		个		
	3	笔记本、笔				
	4	卷尺	5m	根		
	5	游标卡尺	200mm	把		
	6	钳子		把		
	7	扳手	12寸	把		
	8	数码照相机		台		

5.3 验收总结

序　号	检　修　总　结	
1	验收评价	
2	存在问题及处理意见	

5.4 线路验收缺陷统计表

验收人：　　　　　　　　　　　　验收日期：

杆　号	缺陷内容	备　注

5.5 指导书执行情况评估

评估内容	符合性	优		可操作项	
		良		不可操作项	
	可操作性	优		修改项	
		良		遗漏项	
存在问题					
改进意见					

附 11

编号：

110 ~ 330kV×× 线路防鸟护套安装及验收作业指导书

批准：　　　年　　月　　日

审核：　　　年　　月　　日

编写：　　　年　　月　　日

工作负责人：　　　　　　　　作业班成员：

作业日期：______年______月______日______时　至　______年______月______日______时

国网 ××× 电力有限公司

1. 适用范围

适用于 110 ～ 330kV 输电线路防鸟护套安装和验收工作。

2 引用文件

GB 50233《110kV ～ 750kV 架空输电线路施工及验收规范》
DL/T 741《架空输电线路运行规程》
Q/GDW 1799.2《国家电网公司电力安全工作规程（线路部分）》
Q/GDW 12075–2020《架空输电线路防鸟装置技术规范》

3. 作业前准备

3.1 准备工作安排

√	序　号	内　容	标　准	责任人	备　注
	1	现场勘察	杆塔周围环境，杆塔状况，地形状况等。判断是否具备作业条件		
	2	查阅有关资料	1. 输电线路用防鸟护套应采用工厂制作的定型产品，采用符合国家标准的硅橡胶材料环境温度：–40 ～ 40℃，最大日温差：40℃。 2. 防鸟护套应采用符合标准要求的硅橡胶护套材料，可根据导线、金具形状、尺寸和电压等级设计定型，具有广泛适应性，满足长期运行要求，能耐受线路最高运行相电压		
	3	确定防鸟护套安装标准	1. 确定防鸟护套规格；防鸟护套应根据导线、金具、均压环形状尺寸定制完成，可对杆塔的导线、均压环和连接金具进行包覆，要求整体一次注射完成，不允许存在接头，表面应光洁、平整，不允许有裂纹，应配备有安装搭扣或榫槽，便于现场安装。		

续表

√	序号	内容	标准	责任人	备注
	3	确定防鸟护套安装标准	2. 防鸟护套所用黏结剂应具备与绝缘护套材料本身相同的性能，通常为室温硫化胶，要求 2h 表层凝固，24h 内全部凝固。 3. 防鸟护套可采用红色，黄色等醒目颜色，也可为满足相序辨别需要，分相制作成黄、绿、红三色。 4.220kV 线路防护半径直线塔为线夹两侧出口至第一个防振锤位置，耐张塔引流线必须全部包覆，间隔棒需加装防鸟护套间隔棒盒或用壁厚≥ 3mm 自黏式绝缘绕带缠叠压缠绕，自黏式绝缘绕带宽度需≥ 50mm，叠压宽度≥ 30mm。 5. 防鸟护套厚度：110kV 护壁厚度≥ 4mm，220kV 护壁厚度应≥ 6mm，330kV 护壁厚度应≥ 8mm		
	4	参考典型杆塔安装图制作绝缘包裹安装示意图	1. 直线塔为线夹两侧出口至第一个防振锤位置： 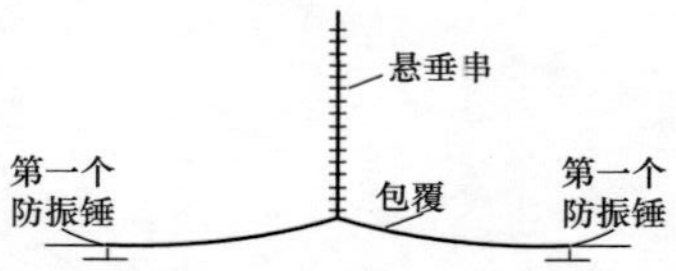 悬垂串 第一个防振锤 包覆 第一个防振锤		
	4	参考典型杆塔安装图制作绝缘包裹安装示意图	2. 耐张塔引流线必须全部包覆： 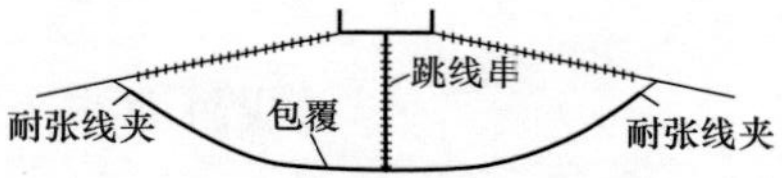 跳线串 耐张线夹 包覆 耐张线夹		
	5	了解现场气象条件	判断是否符合《安规》的要求		
	6	组织现场作业人员学习作业指导书	掌握整个操作程序，理解工作任务及操作中的危险点及控制措施		

3.2 人员要求

√	序号	内容	责任人	备注
	1	作业人员必须持有有效资格证及上岗证		
	2	作业人员周期身体检查合格、精神状态良好		
	3	《安规》考试合格		

3.3 工器具

√	序号	名称	型号	单位	数量	备注
	1	传递绳	ϕ12 × 100 m	套	1	依据杆塔高调整
	2	滑车	1t	套	1	
	3	无极绳圈	ϕ12 × 1 m	套	1	
	4	防潮帆布	6 m × 6 m			
	5	工具包				
	6	全方位安全带		副	1	

3.4 材料

√	序号	名称	型号	单位	数量	备注
	1	防鸟护套		套	1	

3.5 危险点分析

√	序号	内容
	1	登塔时、塔上作业时违反安规进行操作，可能引起高空坠落

续表

√	序　号	内　容
	2	工器具及材料坠落，可能对地面人员造成伤害
	3	防止作业人员误入带电侧横担
	4	作业时感应电对作业人员造成伤害

3.6 安全措施

√	序　号	内　容
	1	如遇雷、雨、雪、雾、风力大于5级时，应停止露天高处作业
	2	在杆、塔上工作，必须使用安全带和戴安全帽。在杆塔上作业转位时，不得失去安全带保护。登塔平稳，手脚不乱，安全带系在牢固部件上并且位置合理，便于作业
	3	作业必须设专人监护，监护人不得直接操作。监护的范围不得超过一个作业点
	4	使用工具前，应仔细检查其是否损坏、变形、失灵
	5	防止作业人员误入带电侧横担，进入停电侧横担前应先核对停电线路的双重称号和识别标记一致
	6	工作地段如有邻近、平行、交叉跨越及同杆塔架设线路，为防止停电检修线路上感应电压伤人，在需要接触或接近导线工作时，应使用个人保安线
	7	地面人员严禁在作业点垂直下方活动。塔上人员应防止工器具及材料坠落，使用的工具、材料应用绳索传递

3.7 作业分工

√	序　号	作业内容	分组负责人	作业人员
	1	工作负责人1名		

续表

√	序　号	作业内容	分组负责人	作业人员
	2	杆塔上电工 1 名，负责安装防鸟护套		
	3	地面电工 1 名，负责传递防鸟护套		

4. 作业程序

4.1 开工

√	序　号	内　容	作业人员签字
	1	工作负责人办理第一种工作票	
	2	工作负责人组织全体工作人员带好安全帽在现场列队宣读工作票，交代工作任务、安全措施、注意事项，工作班成员明确后，进行签字。工作负责人发布开始工作的命令	

4.2 作业内容及标准

√	序号	作业内容	作业步骤及标准	安全措施 注意事项	责任人签字
	1	检查工具	1. 正确佩戴个人安全用具：大小合适，锁扣自如。由负责人监督检查。 2. 派专人对所需工具进行测量，检查工具数量	1. 工具使用前，应仔细检查其是否损坏、变形、失灵。 2. 认真检查安全带和登杆塔工具，是否损坏、变形、失灵	
	2	登杆塔	1. 杆塔上电工携带传递绳登塔。 2. 在横担作业的适当位置系好安全带，并将传递绳上的滑车装好	1. 检查爬梯或脚钉是否紧固。 2. 检查爬梯或脚钉是否有冰、霜、雪。 3. 在上的过程中是否抓牢。 4. 选择滑车的挂点，是否有利于工具材料的上下传递。 5. 在登塔时，必须使用安全带和戴安全帽	

续表

√	序号	作业内容	作业步骤及标准	安全措施注意事项	责任人签字
	3	安装	1. 防鸟护套应根据导线、金具、均压环形状尺寸定制完成，可对杆塔的导线、均压环和连接金具进行包覆，要求整体一次注射完成，不允许存在接头，表面应光洁、平整，不允许有裂纹，应配备有安装搭扣或榫槽，便于现场安装。 2. 防鸟护套所用黏结剂应具备与绝缘护套材料本身相同的性能，通常为室温硫化胶，要求 2h 表层凝固，24 h 内全部凝固	1. 杆塔上下传递工具绑扎绳扣应正确可靠。 2. 在杆塔上作业转位时，不得失去安全带保护	
	4	返回地面	要平稳下杆塔，手脚协调		

4.3 竣工

√	序　号	内　容	负责人员签字
	1	清理现场及工具，认真检查杆（塔）上有无留遗物，工作负责人全面检查工作完成情况，无误后撤离现场做到人走场清	
	2	终结工作票	

4.4 消缺记录

√	序　号	缺陷内容	消除人员签字

5. 验收程序

5.1 验收人员要求

√	序号	内容	责任人	备注
	1	验收人员身体健康、精神状态良好		
	2	具备必要的电气知识，本年度《安规》考试合格，有一定现场运行经验、熟悉《110kV ~ 750kV 架空输电线路施工及验收规范》和《架空输电线路防鸟装置技术规范》		
	3	掌握防鸟护套验收及检验的方法		

5.2 验收工器具

√	序号	名称	型号 / 规格	单位	数量	备注
	1	全方位安全带		根		
	2	安全帽		个		
	3	笔记本、笔				
	4	卷尺	5m	根		
	5	游标卡尺	200mm	把		
	6	钳子		把		
	7	扳手	12 寸	把		
	8	数码照相机		台		

5.3 验收总结

序　号	检　修　总　结	
1	验收评价	
2	存在问题及处理意见	

5.4 线路验收缺陷统计表

验收人：　　　　　　　　　　验收日期：

杆　号	缺陷内容	备　注

5.5 指导书执行情况评估

评估内容	符合性	优		可操作项	
		良		不可操作项	
	可操作性	优		修改项	
		良		遗漏项	
存在问题					
改进意见					

参考文献

[1] 傅景文 . 宁夏鸟类图鉴［M］. 银川：宁夏人民出版社，2007.

[2] 国家林业局 . 中国湿地资源 · 宁夏卷［M］. 北京：中国林业出版社，2015.

[3] 关克 . 银川地区鸟类野外识别手册［M］. 西安：陕西人民教育出版社，2015.

[4] 韩联宪 . 中国鸟类地理分布及多样性［J］. 人与自然，2002（08）：8–19.

[5]Transmission and Distribution Committee of the IEEE Power & Energy Society. IEEE Std 1651–2010 IEEE Guide for Reducing Bird–Related Outages［S］. New York：IEEE–SA Standards Board，2010.

[6] 李阳林，张宇，郭志锋，等 . 架空输电线路涉鸟故障防治［M］. 北京：中国电力出版社，2018.

[7] 王风雷，杜贵和，张祥全，等 . 输电线路六防工作手册 防鸟害［M］. 北京：中国电力出版社，2015.

[8] 卢明，马宁，涂安琪，等 . 河南省高压输电线路复合绝缘子鸟啄情况分析［J］. 电瓷避雷器，2015（05）：1–5.

[9] 陈泓，伍弘，刘世涛，等 . 宁夏电网 110kV 及以上输电线路鸟害故障分析及防治［J］. 宁夏电力，2019（06）：16–21.

[10] 刘世涛，吴波，吴旭涛，等 . 330kV 架空输电线路复合绝缘子鸟粪闪络特性研究［J］. 高压电器，2018，54（04）：135–141.

[11] 吴波，吴旭涛，刘世涛，等 . 330kV 架空输电线路鸟粪闪络仿真研究［J］. 高压电器，2018，54（04）：120–127.

[12] 中国电机工程学会 . T/CSEE 0129–2019 架空输电线路防鸟装置安装及验收规范［S］. 北京：中国电力出版社，2019.

[13] 陈泓，刘世涛，伍弘，等 . 330kV 输电线路防鸟害绝缘护套仿真分析及应用［J］. 宁夏电力，2019（05）：41–46.